新闻时事与日常生活中的物理真相大揭秘

我们的生活比你想的还物理

简丽贤 著

海峡出版发行集团 | 福建科学技术出版社

著作权合同登记号：图字13-2023-029
原版书名：《我们的生活比你想的还物理》
简丽贤 著；杨章君 插画；叶馥仪 封面设计
中文简体字版©2023年由福建科学技术出版社出版。
本书经城邦文化事业股份有限公司商周出版事业部授权，同意经四川一览文化传播广告有限公司代理，由福建科学技术出版社出版中文简体字版本。非经书面同意，不得以任何形式任意重制、转载。

图书在版编目（CIP）数据

我们的生活比你想的还物理 / 简丽贤著.—福州：福建科学技术出版社，2023.4（2024.5重印）
 ISBN 978-7-5335-6968-6

Ⅰ.①我… Ⅱ.①简… Ⅲ.①物理学–普及读物 Ⅳ.①O4-49

中国国家版本馆CIP数据核字(2023)第039033号

书　　名	我们的生活比你想的还物理	
著　　者	简丽贤	
出版发行	福建科学技术出版社	
社　　址	福州市东水路76号（邮编350001）	
网　　址	www.fjstp.com	
经　　销	福建新华发行（集团）有限责任公司	
印　　刷	福州德安彩色印刷有限公司	
开　　本	890毫米×1240毫米　1/32	
印　　张	5.375	
字　　数	122千字	
版　　次	2023年4月第1版	
印　　次	2024年5月第2次印刷	
书　　号	ISBN 978-7-5335-6968-6	
定　　价	32.00元	

书中如有印装质量问题，可直接向本社调换

作者序

生活比我们想的还物理
——用科学之眼读新闻

实施新课纲后,我在学校开设了多元选修课程。开设课程的教学目标,简言之是期盼学生能"眼中有物,心中有理",能用科学之眼阅读新闻,体验生活,了解物理就在生活中,生活比我们想的还物理。

"新闻中的物理——读报教育与媒体识读"选修课程,强调启发、引导和实践等,通过阅读新闻报道和科学专栏等奠定知识基础,并辅以实践和校外教学参访,以了解新闻报道背后的科学概念。

"言之有物,说之有理——科学写作与短讲"这门选修课程的重心放在阅读专栏的科普文章,深入分析新闻报道中的物理概念,以及练习创作科学普及文章,并于期末上台口语表达相关科学主题,培养学生"言之有物,言之有理、言之有序"的表达能力。

多元选修课程并没有指定教材,必须由开设的老师自行设计研发课程和撰写教材。为了让学生看完新闻报道后,能阅读文章,教材除了采用几年前我在报纸杂志发表的科学普及文章外,同时我也积极从新闻中找题材,以学生能读懂的文句、深入浅出的表述方式,撰写了多元选修课程所需的科普文章。这些文章大部分都已收录在本书里。

前述的两门课程中，我让学生在阅读新闻报道或观察生活现象后，再系统性地阅读已成篇的科普文章，以便了解新闻报道背后的科学知识。在学生普遍忙于课业和社团，极少主动阅读新闻报道和科学杂志的年代，这是一堂不一样的科学探索课程，我期盼能因此开阔学生的科学视野，也能帮助提高学生的科学写作能力和演讲能力。

我鼓励学生看新闻读报纸，不只是泛读，而是深度思考与延伸探索。这除了能增添阅读乐趣，也能读出更多的附加价值。学期末，学生跟我反馈："原来新闻可以这样读，物理可以这样想，不是只拿来考试用。这门课让我学会敏锐观察和深度思考，还体验了真正的物理。读科学新闻也可以进行创作，上台演讲一则科学主题，真的不容易，消化后才能言之有理。"

在多元选修课程中，主题多元，例如声波与共鸣就是学生很感兴趣的主题之一，我也将其写入了《我们的生活比你想的还物理》。

记得知名歌手费玉清先生在最后一场退休"封麦"演唱会上，曾深情地对歌迷说："当一名歌手，就是在寻找知音，你们都是我的知音。"

知音难寻吗？古人说："不惜歌者苦，但伤知音稀。""声气相求者，谓之知音。"著作等身的余光中老师则说："粉丝是为成名锦上添花；知音是为寂寞雪中送炭。"诚哉斯言，闻风而至、风过而沉的粉丝可能一时啸聚，也容易销声匿迹，迟迟不见；知音则是"未来"的回声，更可能是"身后"可贵的掌声。

知音确实难寻，俞伯牙与钟子期的交情是传奇经典。弹琴或提出见解，能够"于我心有戚戚"，诚属不易。就物理学的观点，振动源发出声波的频率必须与接收体原本的"固有频率"相同，才能共振共鸣。简言之，要成为知音，"思维频率"必须"麻吉"（match的音译），产生共鸣可遇不可求，但通过科学方法试验与调整，就能在实验中找出接收体的固有频率从而形成共振。

我曾在一个电视综艺节目里，看到女歌手唱破高脚杯，在座艺人啧啧称奇，直呼不可思议。歌手发出的声波频率竟然与高脚杯的固有频率相同，此现象也成为该电视节目的亮点。同样的情况，著名的男高音歌唱家卡罗素在一次演唱会唱破桌上的水晶杯——这不是特异功能，而是真真实实的声波共振。卡罗素唱出的声波频率与杯子的固有频率相同，杯子被震破。

唱破高脚杯容易吗？如果不知道杯子的固有频率，当然不容易。"知音难寻""不惜歌者苦，但伤知音稀"，从物理学共振的原理来看，有其道理。

这两门"新闻中的物理"和"言之有物，说之有理"的课程，期盼学生能以科学之眼阅读各类新闻，深度思考，并延伸探索。

写作是我的兴趣，但要让一本书付梓问世，需要时间和动力。谢谢学生的提问和师生对答时给我的灵感，谢谢出版社编辑部提供圆梦的舞台。

撰写科学普及的文稿，目的是希望吸引更多人阅读科学主题书，体悟阅读的乐趣，因此用语不能太艰涩，示意图不能复杂而无趣，本书秉持科普书"曲高不和寡，深入却浅出"的想法，以生活现象和新闻报道为撰稿素材，尽量用浅显易懂的语句说明物理现象，示意图也较简洁，因此无法与物理专业教科书相提并论。笔者才疏学浅，虽喜爱教学和写作，但水平有限，思虑难免疏漏，请专家学者和读者不吝斧正。

最后谢谢务农的先父先母。在我的中小学求学年代，他们仍对我耳提面命，"以笔头代替锄头"，苦口婆心，期盼我成为科学教育的笔耕者，耕一亩科学的梦田。没有他们的苦心养育，就没有我的今天，更不会有这本书。

简丽贤

前言
学物理，才不会"理盲"

如果问中学生："学习什么科目比较困难？"许多人大概会回答："物理。"

如果不是为考试，学物理虽难，但其实很有趣，毕竟我们的生活处处是科学，生活中的物理无处不在。而且，我们的生活比我们想的还物理。

诺贝尔物理学奖得主李政道老师，曾引用杜甫《曲江对酒》的诗句"细推物理须行乐，何用浮荣绊此身"勉励青年学子培养学习物理的兴趣，从学习和研究中获得乐趣，而不受世间浮名的牵绊。

李政道老师进一步诠释，物理是万物的道理，研究物理需要细推，"细"是指细微的观察和实验，"推"是逻辑演绎和推理，诚如曹雪芹《红楼梦》的名句"世事洞明皆学问"，大自然万物的存在皆有其道理，仔细推敲万物的过程就是在学物理。

为什么要学物理？物理学是基础科学，其前身是哲学，重视分析和思辨。学物理即是学习科学思维和脉络，以物理思维为基础进而思考分析和解决问题，以理论为基础，再应用、再创造。

生活中处处是物理

我们常说蓝色的天空，但天空为何是蓝色的？根据瑞利散射理论，波长较短的蓝光因为较容易被大气层的微粒散射，所以天空大部分呈现蓝色，而非红色。

同样，当我们读李白的诗句，不解到底是"孤帆远影碧'空'尽，还是碧'山'尽，"哪个字更有理？用散射的原理来思考，其实"碧'空'尽"比"碧'山'尽"，更能贴近当时李白所处的环境。

其他像"空山不见人，但闻人语响"，在山林中看不见人，却能听到树林间人的对话，这也可以用物理学声波的衍射现象来解释：因为声波的波长与林木间距的尺度很接近，所以容易发生衍射而传出声音。

学习物理知识，培养科学思维，会影响一个人的判断和认知。美国加州大学一位物理学教授曾撰写《给未来总统的物理课》一书，期盼总统不仅要熟悉政治，更应多懂物理学，这样，在制定重大国家政策（如核能发电、太空科技、量子科技、疫苗采购与研发等）时，才能判断正确，提出睿智的方案。

学物理能增加阅读乐趣

读武侠小说、看武侠电影时对于情节的想象，也颇有趣味。

知名武侠小说金庸大师于2018年辞世，其作品长留人间，让我们得以一读再读，感怀他的丰沛创作力和跨域想象力。在阅读金庸大师的武侠作品之余，可闲谈物理学，聊聊武侠主角的功夫究竟能不能习得，是否符合物理学原理。

例如，小说中描述的"闻其声不见其人"，正是前述提及的声波衍射现象。《笑傲江湖》的令狐冲、《神雕侠侣》的李莫愁善于"听风辨器"，判断突如其来的暗器或刀剑，这种特异能力与蝙蝠相似，用物理学多普勒效应来解释的话就是，令狐冲等人与武器声源的相对运动，造成空气中的声波发生波长和频率的变化，使令狐冲等人察觉周围空气的频率有异而迅速行动。

又如《天龙八部》段誉的奇门武功"凌波微步"，可以想象成气体分子的无规则运动，这也让我们联想到曹植《洛神赋》提到"凌波微步，罗袜生尘。动无常则，若危若安。进止难期，若往若还。"这"凌波微步"和"动无常则，若危若安。进止难期，若往若还"与物理学中的分子布朗运动概念或许很接近；或者说，"动无常则，若危若安。进止难期，若往若还"可以拿来比喻布朗运动。此外，若不需太严谨，就科学普及的角度来看，也可以把"凌波微步"想成知名物理学家海森堡的不确定性原理，我们无法同时测出段誉"凌波微步"时的速度和位置。

作为物理教师，读金庸大师的武侠小说，自然会思考其中情节与功夫实现的可能性，或为金庸大师创设的情节赋予物理原理，这样读武侠小说也别有趣味。

👁 学物理能增强创造力

不论经典物理或近代物理，都有深厚的理论基础，可以说经典物理引导了近代物理的发展，近代物理延续了经典物理的精要，理论启发实验，实验验证理论。尤其近代物理的发展，更是创造与应用的极致表现。

例如，爱因斯坦以光量子论诠释光电效应，以光照射金属，可使金属表面的电子脱离金属，这一理论被应用在研发半导体材料领域。常见店面的自动门，也是应用光电效应设计的，当发射器与接收器间的红外线被遮住时，接收器端的光电效应停止，另一个电路运作将门打开。

👁 学物理能提升媒体识读力

生活中，物理概念和科学思维能帮助我们进一步理解前沿科技的原理。例如，量子计算机很"神"，神在哪里？它的计算能力为何比通用计算机强很多？2022年诺贝尔物理学奖得主研究的量子纠缠，究竟是什么？为何会纠缠？

运用物理概念和科学思维，也可以帮助我们分析新闻报道的真实性，判断假信息或伪新闻。例如发展纳米科技的时期，广告出现纳米水、纳米健康食品，这些产品其实与纳米科技无关，却时常出现在广告中。又如与量子物理无关的广告词汇出现在市面上，例如量子水、量子馒头、量子水稻、量子鞋垫等，商品冠上"量子"二字，却完全不知道有何量子的效应，只能说脑筋动得快的商人"巧用"新兴时髦的科技名词。

其他新闻，如韩国首尔市的电动公交车在十字路口边停车边充电、妇人以铝箔纸包装纸箱行窃而逃过店家感应门监控、阳明山出现近9小时的彩虹等，这些新闻是真的，还是媒体夸大其词，皆可用物理思维进行分析。所以说学物理也能提升对媒体的识读能力，避免"理盲"。

目录 CONTENTS

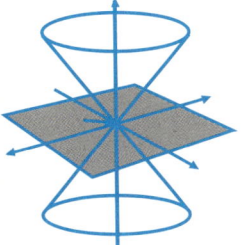

第一章　运动与力学

01 | 不离不弃的泡沫箱 …………………………… 3
02 | 神乎其技的香蕉魔球 ………………………… 6
03 | 强力水柱的力量有多大？ …………………… 11
04 | 奥运项目无舵雪橇中的物理 ………………… 15
05 | 台北101大楼的超高速电梯 ………………… 19
06 | 走钢索的人为何要张开双手？ ……………… 23
07 | 小小的指尖陀螺立大功 ……………………… 28
08 | 云霄飞车能一直运行不停止吗？ …………… 32
09 | 调降棒球的恢复系数，为何有利投手？ …… 37

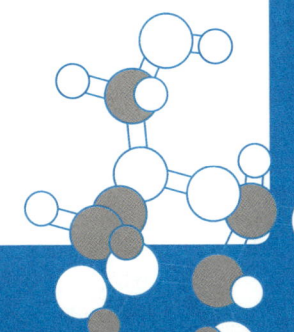

第二章　声波与光学

- 01| 超声速战斗机的声爆效应 ………………………… 43
- 02| 多普勒效应在不同领域的应用 …………………… 48
- 03| 唱歌竟能把玻璃杯唱破？ ………………………… 51
- 04| "海风琴"的设计灵感 …………………………… 54
- 05| 天空为什么是蓝色的？ …………………………… 59
- 06| 一道维持9小时的神奇彩虹 ……………………… 63
- 07| 海市蜃楼是虚幻还是真实？ ……………………… 67
- 08| 飞机如何安全着陆？ ……………………………… 71

第三章　热与电磁学

- 01| 追踪癌细胞的正电子发射断层扫描仪 …………… 79
- 02| 医院的磁共振成像究竟是什么？ ………………… 84
- 03| 公交卡的设计原理 ………………………………… 89
- 04| 在水中善用高压电的电鳗 ………………………… 94
- 05| 磁悬浮列车为何能浮起来？ ……………………… 97
- 06| 半导体有什么特殊性质？ ………………………… 103
- 07| 红外热成像仪是怎样测量体温的？ ……………… 108
- 08| 生活中处处可见的"热"现象 …………………… 112

第四章　量子科技与近代物理学

01 | 量子力学的诞生 …………………………… 121
02 | 量子计算机与通用计算机的差异 ………… 129
03 | 人类真的可以穿墙吗？ …………………… 134
04 | 量子纠缠究竟怎么纠缠？ ………………… 138

第五章　天然灾害物理学

01 | 台湾为什么经常发生地震？ ……………… 145
02 | 台风是如何生成的？ ……………………… 150

第一章

运动与力学

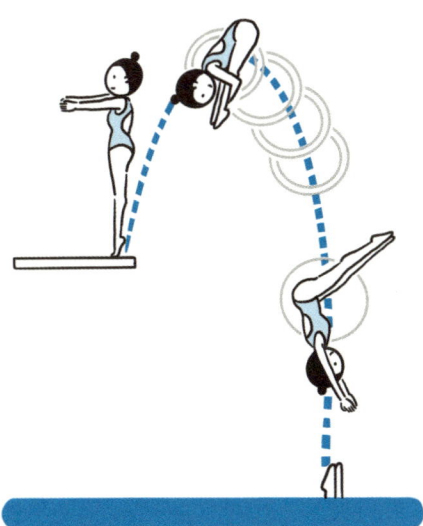

足球运动员是怎么踢出神奇的"香蕉球"的？警用水车的水柱喷在人身上，人会受伤吗？搭乘台北101大楼的超高速电梯，体重计的读数居然会变化！本章从运动与力学的角度，为你解释这些现象背后的物理学原理！

运动与力学 | 3

01 不离不弃的泡沫箱

时事话题

NEWS | 2020年6月初,新闻以标题"不离不弃!神奇泡沫箱两度弹回货车"报道一则令人会心一笑的趣味事件:一部在高速公路行驶的小货车,货车上的泡沫箱掉落路面后,竟弹回车上,掉落、弹回,又掉落、弹回,反复两次,泡沫箱似乎在向车主泣诉"不要抛弃我"的哀怨。

当时新闻记者采访一位高中物理老师:"泡沫箱掉落路面,为何能够弹回车上呢?"受访老师言简意赅地表示:"惯性和空气流速的压力差造成的结果。"我的学生看完新闻后,问我:"应该不会那么简单吧?"原因确实不简单!

神奇的卡门涡街效应

媒体报道这则趣味新闻之后,2021年新北市福和中学的3名学生,经老师指导,以严谨的科学方法,真实重现了新闻事件,完成了以风洞和小货车模拟"不离不弃的泡沫箱"的研究作品,还荣获了台湾科学展览竞赛中学物理组第1名,他们展现出了令人敬佩的研究精神和科学态度。

泡沫箱从小货车的后斗口掉落,应该向后滚,但实际上泡沫箱反而弹起、旋转，再弹回车上，连续两次，发生这样的事件的概率其实很低。究竟是何方神圣施力造成的呢？其实，这涉及了物理学中流体力学的卡门涡街(Kármán vortex street)效应。

经风洞模拟实验分析，**货车高速行驶时，受货车本身的形状影响，车后端的流动空气遇到阻碍物时会产生卡门涡街效应**(详见文末"物理小教室")：左侧涡街逆时针旋转，右侧涡街则顺时针旋转。由于左侧涡街较靠近后斗口，因此会在后斗口中间形成一个向内的气流，于是产生吸引作用。

此外，当风洞两侧钻洞后，后斗口的上下气流会变为上进下出，使泡沫箱顺势掉落。实验观察后斗口空气流动的方向，气流只在后斗口附近，后斗内的空气流动则呈现稳定状态。后斗口的中间和左侧的气流均往内，右侧气流则往外，因为往内的气流受到左侧卡门涡街效应的影响。货车的车速越快，向内的拉力越强。这样能使掉落路面的箱子再弹回货车内。

"不离不弃的泡沫箱"的新闻画面，激发了学生的研究兴趣，可见"处处留心皆学问"。

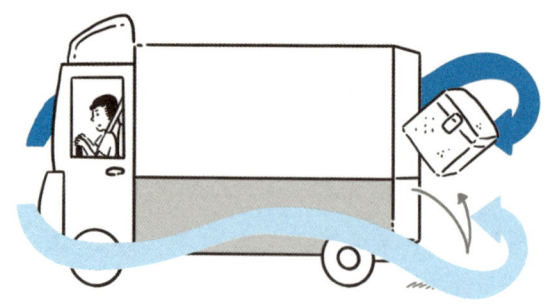

高速行驶的小货车，货车上的泡沫箱因卡门涡街效应，掉落路面后，再弹回车上。

卡门涡街效应

　　卡门涡街是物理学中流体力学的名词。当流体（如空气和水流）经过一个阻碍物时，阻碍流体流动的物体边界两侧，会产生两道非对称排列的漩涡，如同街道，所以称为卡门涡街。

　　这种交替的涡流，使阻碍物两侧的流体的瞬时速率变得不同。依据流体力学伯努利原理(Bernoulli theorem)，流体流动的速率不同时，阻碍物两侧的瞬时压力也不同，因而形成作用力，使此阻碍物振动。

　　物理学家也曾经利用卡门涡街的交替漩涡，解释风弦琴的发声原理。风弦琴是在木制共鸣箱上安装几条琴弦，风吹琴弦时就会产生卡门涡街效应，卡门涡街频率和琴弦的固有频率因共振而发出声音。

当流体经过阻碍物时，阻碍流体流动的物体边界两侧，会产生两道非对称排列的漩涡。

02 神乎其技的香蕉魔球

时事话题

NEWS | 观赏运动比赛时，许多画面都会令人啧啧称奇，例如：游泳选手在重力、浮力等不同作用力的影响下，仍能如鱼得水般展现矫健的身手；棒球赛投手在空气阻力作用的情况下投出曲球、滑球、伸卡球等不同路径和速率的球。最让人赞叹的是足球的香蕉球，只见足球运动员临门一脚，球从侧边绕过人墙，直接飞入球门，这真是神乎其技！

足球运动员是怎么踢出香蕉球的？

香蕉球是指足球在空中的飞行路径像一根弯弯的香蕉，它的轨迹又像一道弧线，因此也被称为弧线球。足球运动员到底是怎样踢出香蕉球的呢？一位资深足球教练曾经说，**要面对希望球行进的方向，像"切"球那样踢**。碰撞时，脚要顺势向外侧前进，这样球在空中的行进方向才会是弧线，而且球能一边前进，一边旋转。香蕉球可以偏转多少米呢？对世界知名的足球运动员贝克汉姆而言，他踢球的偏向位移可达4米！难怪令守门员头痛。

怎样才能让球一边前进，一边旋转？要让球边飞边旋转，速率是关键，要设法提升球飞行时的速率。因为球的转速越快，偏转就越快，而这与物理学的**马格纳斯效应**（Magnus effect）和**康达效应**

运动与力学　　7

香蕉球是指足球在空中的飞行路径像一根弯弯的香蕉。

(Coanda effect)有关(详见文末的"物理小教室")。

　　足球在空中还会受到空气阻力和地球引力的影响,如果想将足球踢到指定的位置,运动员需要采取特定的角度将足球踢出。但在实际的足球比赛中,空气阻力,以及与球的旋转情况、飞行速率、表面的粗糙程度等都对足球的飞行路径有影响。

　　话说回来,之后在观赏世界杯足球赛时,请各位特别注意球门前的战况,当距离球门近30米或正规赛事平手后的点球大战时,都有机会看见美妙的香蕉球!

飞机是怎么飞上天的?

　　2020年8月的《科学人》杂志有篇文章讨论飞机飞上天的升力,题为"飞机升力不只伯努利",是一篇很有深度也很有趣的文章。飞机究竟是如何飞上天的呢?

　　该篇文章提到,撰写过数本教科书的美国国家航空太空博物馆的研究员安德森认为,飞机飞上天的升力原理至今并未达成共识,飞机升力的问题无法一言以蔽之。确实如此,要解释飞机飞上天的原理,需用到数学、物理、工程、计算机等多个学科的知识。

　　最常用来解释飞机升力的理论是伯努利原理,此原理指出:同一流体的速率愈快，其压力也愈低；反之亦然。

依据伯努利原理，可解释飞机升力是飞机的横截面上半部表面呈弧形所产生的，此理论说明空气流过机翼上方的速率比机翼下方的快，因为机翼剖面下半部平直。根据伯努利原理，机翼上方的空气流速较快，其压力也较小，因而产生压力差，作用在截面积上而获得往上的升力，可以让飞机飞行，并对抗重力。

然而，此说法仍存在疑点，仍不完备。另一种论点则是依据牛顿第三运动定律，认为飞机升力的来源是流过机翼下方的空气对机翼施加的向上的推力。

这两个论点皆有其道理，也不会互相矛盾，但都无法完美解释飞机升力，各有不足。一个完美的飞机升力理论，必须能解释机翼上所有的作用力和因素，而不留下丝毫悬而未决的疑问。这也告诉我们，生活中的许多现象看似平凡，但背后的科学探讨，仍有待完善。

马格纳斯效应与康达效应

物理小教室

当球在空气中边旋转边移动时,它的前进方向会受到与运动方向垂直的作用力影响,此称为马格纳斯效应。足球、高尔夫球、排球、棒球、桌球在边旋转边前进时,行进路线都会改变,尤其是表面具有缝线或凹洞的球,此效应更明显,这种球的飞行路径更难以捉摸,因此马格纳斯效应也被称为魔幻效应。

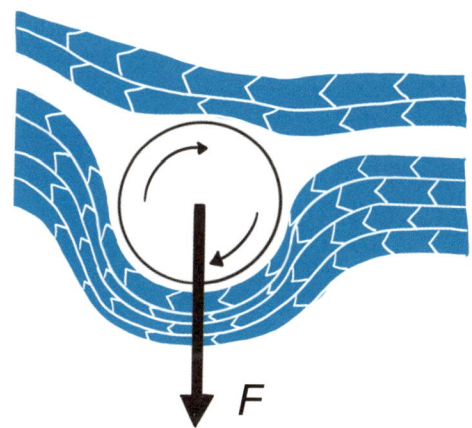

当球在空气中边旋转边移动时,它的前进方向会受到与运动方向垂直的作用力(F)影响。

康达效应也称为附壁效应。当流体遇到障碍物(如机翼)时,会有沿着障碍物曲面流动的倾向。因为弯曲流线的内、外层气压不均等,接触面上的压力差形成作用于流体向下的向心力，而相对应作用于机翼的反作用力则向上，当机翼受到向上提拉或曳引力时，就能使飞机上升。

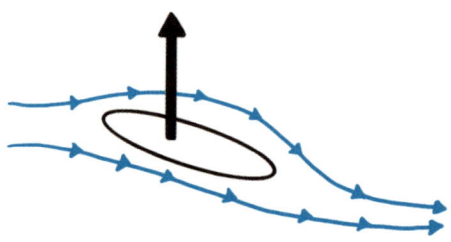

当空气或流体遇到障碍物（如机翼）时，会有沿着障碍物曲面流动的倾向。当机翼上方与下方的弯曲程度不一样时，沿机翼上方的空气流速较下方的空气流速快，而空气流速快的地方压力较小，因此机翼下方的压力比上方的压力大，形成压力差，使空气接触机翼的有效面积上有一股向上的升力。这里的概念与中学学的"压强是垂直作用在物体表面的力与接触面积的比值"有关。

03 强力水柱的力量有多大?

时事话题

NEWS | 2021年11月5日,位于雅典的气候危机和民防部外,聚集了示威抗议的消防员,他们呼吁政府延长工作合约,因为希腊南部8月发生大规模野火后,需要更多消防员来对抗气候变迁带来的灾害。警方当时喷洒强力水柱,以驱散这些消防员。

本节从物理学观点来为各位解析,警方使用的强力水柱,喷在人身上时力量到底有多大。

先复习一下牛顿运动定律吧

这里先问读者,是否曾经将球掷向墙壁,球会撞到墙面,然后反弹回来?你知道球受到的力量有多大,或者球对墙壁造成的撞击力有多大吗?根据牛顿第二运动定律,只要知道球的加速度(a),就可以知道球受的平均作用力(F),即等于它的质量(m)乘以加速度(a),写成中学物理课本里最简洁的数学关系式就是 $F = ma$。同样根据牛顿第二运动定律,不必计算加速度,只通过计算球在碰撞过程中的动量变化,也可以估算它所受的平均作用力。

物体的动量(p),等于物体的质量(m)和速度(v)的乘积。如果物体的质量不变，但运动的速度大小或方向发生变化，那么物体的动量就会发生变化，所以由物体的速度变化，即可得到物体的动量变化。由于物体的动量变化量(Δp)等于它所受作用力(F)与作用时间(Δt)的乘积，也就是$\Delta p = F\Delta t$，由此就能估算出物体所受的平均作用力了。

因此，球掷向墙壁，然后反弹，它所受的力就是单位时间内的动量变化量，也就是球的质量乘以球撞击墙壁前后的速度变化量。

> 球掷向墙壁，然后反弹，它所受的力就是单位时间内的动量变化量，也就是球的质量乘以球撞击墙壁前后的速度变化量。

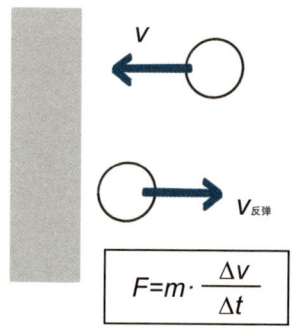

如果是多个球连续撞击墙呢？根据牛顿第三运动定律，作用力等于反作用力，所以球受到墙施加的作用力等于球对墙的作用力。当球不止一个，而是有许多个，并连续掷向墙壁时，撞击力乘以撞击时间，就等于这几个球的动量变化量(Δp)的总和。

> 多个球连续掷向墙壁时，撞击力乘以撞击时间，等于这些球的动量变化量(Δp)的总和。

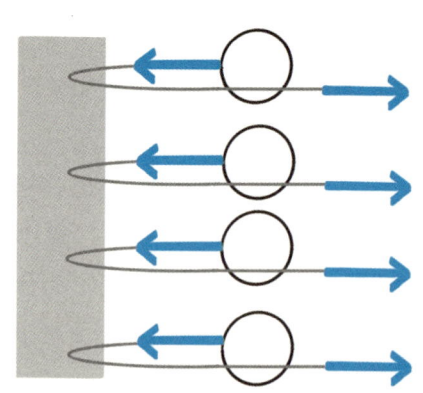

水柱对人体的冲击,就像许多球持续撞击墙

流动的水具有质量和速度,也就是具有动量。一道水柱对人体的冲击,非常类似许多球持续撞击墙壁的情形。我们可以计算出水柱在某段时间内动量总和的变化量,也就等于水柱受到人施加的作用力乘以水柱冲击过程经过的时间。依据牛顿运动定律的第三定律——作用力与反作用力定律,人施加水柱的力的反作用力,即为水柱对人的作用力。

根据这一原理,科学家经过仔细计算后发现,**水柱冲击到人的作用力,大约等于水柱中水的流量(单位时间内流过多少千克的水),乘以水柱冲击人体前后的速度变化量**。因此,水的流量相同时,如果水冲击到人体后反弹回来,因速度变化量大,它的冲击力量就大;如果水柱冲击到人体后滑开,水柱的冲击力量就小。同样是水柱滑开的情形,如果水柱的流量增加,对人的冲击力就会变大。

假设警用水车喷出的水柱喷在人体身上,每秒大约1升,也就是1千克的水,冲击到身体之前速度是20米每秒,冲击到身体后速度变成0,那么速度变化量就是20米每秒。速度变化量再乘以流量(每秒1千克),就等于20牛顿,因此这水柱冲击到人体的力量就大约是2千克重。

由上可知,即使水的流量不大,如果速度较快,那么速度的变化量较大,就很可能对人体造成伤害。

水柱冲击人体的力,大约等于水柱中水的流量,乘以水柱冲击人体前后的速度变化量。

生活中的各种碰撞，涉及物体动量变化量

物理小教室

能在水平的地面上行走或骑自行车，全靠地面提供的摩擦力。例如，骑自行车由静止起步时，就是依靠地面对轮胎的摩擦力，使自行车得到加速度而开始前进。依据牛顿第二运动定律，物体所受的合力使物体具有加速度，加速度的量值与合力成正比，与物体的质量成反比。若自行车在水平面上做直线运动，则依靠地面对轮胎的摩擦力，就能让自行车在此直线上加速运动。

另一种牛顿第二运动定律的描述，是以动量(momentum)与冲量(impulse)说明动量随时间的变化率就是物体所受的合力。以运动项目棒球比赛为例，不论奥运棒球赛、世界锦标棒球经典赛等，都受到棒球迷的青睐及关注，球迷也都积极为选手加油。其实投、打棒球也涉及物理学原理，球棒与球碰撞瞬间的接触点、接触角度或甜蜜点，攸关能否击出全垒打或安打。

依物理学定义，运动物体的质量与速度的乘积为此运动物体的动量。若外来作用力为一定力，作用在物体上一段时间，则冲力与作用时间的乘积，称为冲量。物体所受的平均作用力等于动量随时间的变化量，这是牛顿第二运动定律最初的叙述形式。可见生活中的碰撞都涉及物体动量变化量的概念。

04 奥运项目无舵雪橇中的物理

时事话题

NEWS | 2022年北京冬奥会中国台北体育代表团成员林欣蓉，在2月8日完成冬季奥运会处女秀，3趟成绩分别为1分01秒550、1分01秒057、1分01秒004，总成绩3分03秒611，排名第31名，虽无缘前20名，没能闯进无舵雪橇女子单人赛的决赛轮，但她在冬奥会上的成绩逐次进步，代表团对她赞誉有加。

林欣蓉是笔者服务学校的校友，她高中曾是田径选手，毕业进入台北教育大学就读前，因一次机缘而转战雪橇，其间锲而不舍，突破困境，终于圆梦冬季奥运会。

无舵雪橇竞赛有什么特点？

学生问我："无舵雪橇竞赛，跟物理有关吗？"真是"大哉问"。我想，我们应该先了解一下无舵雪橇竞赛的特色，比如需要什么装备，比赛的跑道有何特征，比赛的规则有哪些。

1964年，奥地利冬季奥运会正式纳入无舵雪橇比赛。比赛场地一般是以混凝土或木材砌成槽状的滑道，宽约1.5米，滑道两侧护墙均需浇冰；滑道长度男女不同，女子组约1200米，全程设置约15个弯道，弯道半径约8米，并有不同角度的坡度。个人竞赛以4趟竞赛的总时间最短者夺冠。

无舵雪橇前端没有舵板，后端也没有制动闸，底部只有一对用来滑行的金属滑板；没有方向盘，必须依靠运动员的身体力量和放松或收紧身体的技巧来控制方向转弯和掌控速度，比有舵雪橇更难操控。运动员在高度倾斜的冰面上滑行，最高时速可达140千米，是一种危险性高并且需要特殊训练的运动。

无舵雪橇运动既然是危险的比赛，运动员的装备就必须特别讲究，基本配备包含头盔和连身服、带钉手套及比赛脚套等。

头盔内有一圆形面盔，向下延伸至运动员的下巴，可降低空气阻力的影响。连身服是橡胶材质，表面光滑且贴身，减少与空气接触的摩擦阻力，并确保比赛过程中不会随意飘动。带钉手套的功能是提供运动员在起点处以划桨动作拍打冰面时抓冰面的牵曳力，以获得前进的动力。雪橇脚套上的拉链可将运动员的脚拉伸至笔直位置，帮助运动员将迎面的空气阻力降至最低。

比赛开始时，运动员将自己推到赛道上，用带钉手套划离赛道3米左右，让雪橇获得一定的速度。靠近下坡时，选手以仰卧姿势躺在无舵雪橇上，从仰卧姿势开始，依靠身体一张一弛的技巧，在弯道和直道上行进。

在短暂的比赛时间里，运动员必须利用技巧使身体与雪橇合为一体，运用**重力、空气阻力、摩擦力**等控制转弯和掌控速度，以及**承受加速度变化带来的不适感**。

无舵雪橇竞赛中用到哪些物理原理？

无舵雪橇项目有一项参赛限制——体重，运动员体重限制为：男子须达90千克，女子须达75千克。体重是影响雪橇速度的重要因素之一。当体重较大时，在斜坡时重力较大，加速度增加，可使速率增快，而且体重较大受空气作用的截面积增加并不多，因此受

运动与力学

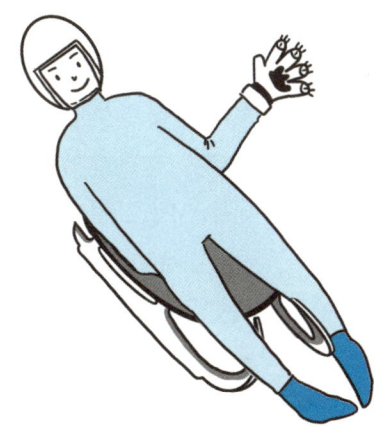

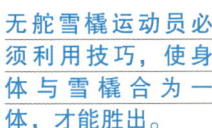
无舵雪橇运动员必须利用技巧,使身体与雪橇合为一体,才能胜出。

到空气作用的阻力影响程度很小,所以体重大就成为这项比赛的优势。就好比跳伞,体重较大的运动员,向下的重力较大,虽然也受到空气阻力影响,但最后合力比较大,加速度也较大,即使最后重力与空气阻力达成平衡,终端速率也较大。

在雪橇比赛过程中,带钉手套提供抓地的牵引力,地心引力则是推动运动员和雪橇沿赛道滑行的动力;雪橇和赛道之间的摩擦力是决定速率快慢的因素之一。**雪橇运动时与空气接触的阻力会使移动速率变慢,因此人体直躺可减少与空气的接触面积。空气阻力愈小,滑行速率愈快。**一般而言,空气阻力对运动物体的阻力与物体运动速率有关,可能与速率成正比,或与速率平方成正比,因此减少与空气的接触面积,是降低阻力的有效方法。

在奥运雪橇比赛中,金银铜牌运动员的成绩非常接近,无舵雪橇比赛计时精确到1/1000秒,而人眨眼一次需要12/1000秒。竞争这么激烈,不可能用肉眼判断快慢,此时光电传感器就是一个好帮手。雪橇比赛采用安装在起点和终点的光电传感器来计时,赛道两端各设有一组光源发射器和接收器装置。在起点处,雪橇通过起点线,阻挡光束而触发定时器;在终点线,雪橇遮住光束而停止定时器。

历史上的无舵雪橇比赛中,女子金牌和银牌之间的最短时间差仅为2/1000秒。当时第一名和第二名之间的细微差距引起争议,所以要求工程师计算系统误差或不确定度。最后他们发现,不确定度大约为2/1000。于是,运动竞赛计时装置成为运动会高科技研发的重点,带有原子钟的GPS卫星定位校准无舵雪橇比赛计时系统,可以精确到10^{-10}秒,让赛道上的定时器与卫星的原子钟同步。只要卫星记录的时间和地面系统记录的时间的不确定度控制在2/1000秒内,那么该计时系统即可用于无舵雪橇比赛计时。

05 台北101大楼的超高速电梯

时事话题

NEWS | 杜甫曾经登上泰山,远眺四周,并吟咏"会当凌绝顶,一览众山小"的诗句。如今若是站在台北101大楼的观景台俯瞰远方,大概也会感叹底下鳞次栉比的建筑吧!

台北101大楼曾是世界最高的大楼,除此之外,它的电梯其实也大有来头。直达89楼的超高速电梯,只需37秒就能把我们送到高耸入云的观景台!

此外,在地震频繁的台湾,台北101大楼的风阻尼器(调谐质量阻尼器)在地震时,振幅曾达1米,这也是媒体竞相报道的内容。

在超高速电梯里,体重计的读数居然会变化?

电梯是大楼的铅直运输工具,其主要的结构为一铅直的电梯井,电梯井内有乘客搭乘的轿厢,以及配重用的平衡块,轿厢与平衡块之间用钢缆连接,跨过电梯井上方的定滑轮,构成运输设备。电梯的井道壁上装有电梯导轨,与轿厢、平衡块上的导靴接触,使轿厢与平衡块仅能上下移动。

我们搭乘一般大楼的电梯,速度不快,不会产生耳鸣等不适感。但如果搭乘高度变化达400米的高速电梯,会是怎样的感觉呢?

我们的生活比你想的还物理

台北101大楼的超高速电梯，轿厢每分钟可以移动1010米，乘坐电梯从5楼到89楼，全程仅需37秒。台北101大楼电梯的移动速率是一般电梯移动速率的10倍。

不过，如此快速的电梯，是如何减缓乘客因气压变化引起的耳鸣的呢？气压控制系统是重要角色，它能使轿厢气压保持恒压的状态。当轿厢快速上升或下降时，气压控制系统通过充气加压、抽气减压，实时减缓乘客的耳鸣程度。

另外，升降机制动的过程，又是如何解决摩擦生热的状况的呢？原来，安装于轿厢滑轮处的制动装置，使用的是耐高温陶瓷材料，取代了传统容易变形的金属，因此能使轿厢更快速、安全、精准地制动。

更有趣的是，**搭乘台北101的超高速电梯，可以体验到体重计读数的变化**。当电梯向上移动且越来越快时，此时加速度向上，乘客站在电梯地板的体重计上，此时体重计的读数，其实会比平常在家里测量的读数更大，你可能会望着体重计的读数，不知怎么回事。

当超高速电梯向上加速时，电梯内人所站的体重计的读数会变大。

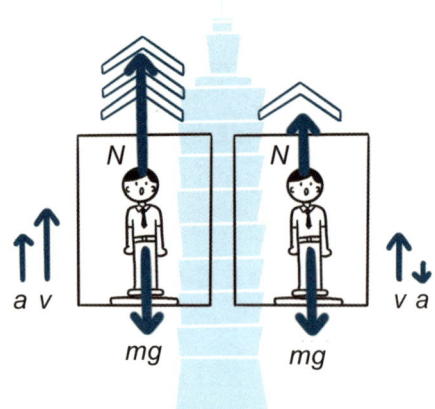

但别太在意！电梯向上移动时，有一短暂过程，体重计读数反而会变小。那就是电梯向上减速、准备制动停止的时候，那时电梯的加速度方向会变为向下，体重计读数就会变小了。

其中的原理就是，人站在电梯地板的体重计上时，体重计显示的读数等于体重计给人的正向力(N)，人在加速上升的电梯内，所受外力的合力并不是零，所受合力是地球吸引人的重力(mg)与体重计所施的正向力(N)作用的结果。

正向力是体重计显示的读数，当电梯轿厢向上加速移动时，加速度(a)方向向上，此时正向力(N)减去重力(mg)等于质量(m)与加速度(a)的乘积。此数值为正，代表正向力比重力大，因此体重计读数会比平时在静止状态测量体重时的读数大。

台北101大楼拥有全世界最大的风阻尼

位于欧亚大陆板块和菲律宾海板块交界带的台湾，地震频发，每年也几乎都有台风。从地面算起共101层、高度近508米的台北101大楼，是如何面对天灾的呢？无论地震还是台风，都会引起大楼晃动，因此，减缓大楼晃动程度是非常必要的，而这就是"风阻尼器"的作用。

风阻尼器可减缓大楼因地震波或强风吹袭而引起的摆动效应。一个在空气中会左右摆动的物体，放在水中就很难摆动，因为水会对此物体施力，此力量如同拖曳力，会耗尽摆动物体的能量，直到水中的物体不再摆动。风阻尼器的原理也有点类似。

台北101大楼内共有17组风阻尼器，唯一公开展示的金色大球，名闻遐迩，是全世界最大的风阻尼器，这个金色大球是一个减缓震动的阻尼器系统。它的质量约660吨，直径约5.5米，由实心钢板堆栈焊接而成，以钢缆悬吊垂挂，并以油压阻尼器与楼板相连。

风阻尼器具有特大质量，当台北101大楼受到台风、地震影响

台北101大楼内，减缓大楼晃动的风阻尼器。

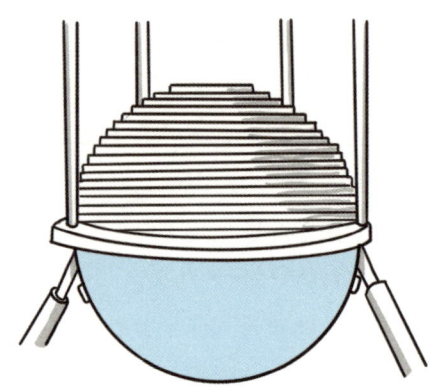

而开始摇晃时，风阻尼器会通过钢缆拉住大楼，并以反方向与大楼相对摆动。风阻尼器摆动时，下方的油压阻尼器会像弹簧一样拉伸或压缩，在拉伸或压缩的过程中可产生极大的摩擦力，吸收与消耗大楼振动时的动能，让具有阻尼功能的风阻尼器逐渐停止摆动，大楼也逐渐静止。

运动与力学　　23

06　走钢索的人为何要张开双手?

时事话题

NEWS | 巴西有一名极限运动家,在距离地面约1.83千米的两个热气球之间"走钢索",钢索宽度不大,仅约2.54厘米,打破了有史以来走钢索的最高世界纪录!惊险画面,教人不得不屏息敛气。

原来是"角动量守恒定律"

走钢索的人双手为何要张开?如果希望更安全的话,也可以手握一支长木杆,长木杆是演出者的保命符,攸关演出成功。不论是双手张开或手持一支长木杆,都与物理学的角动量守恒定律有关。

一开始就讲专业术语角动量守恒,似乎有点难,读者或许会说太不"科普"了。我们就先来认识牛顿早期提到的"力"这个概念。

在经典力学的时代,牛顿为了诠释力,提到动量(momentum)这个名词。动量与物体的质量大小和运动速度有关。动量在生活中究竟有何意义?

如果使质量恒定的金属块以不同的速度滑行,则让速度较快的金属块停下来会比较困难。如果使质量较大的金属块和质量较小的金属块以相同的速度运动,则让质量大的金属块停下来比较困难。观察这两种状况,可以发现改变金属块运动状态的难易程度,与金属块的速度和质量皆呈现正相关的关系。

力学上引入动量来描述上述金属块滑动的特性。**当金属块的速度改变时，表示这块金属块的动量发生变化，意思是指金属块受到外力作用时，所受外力的合力与金属块的动量变化呈正相关。**

应该有不少读者喜爱棒球比赛吧？当捕手接到投手朝他投过来的球之前，高速飞行的球具有很大的动量。球落入手套到球完全停止，是手套与球之间相互作用力瞬间改变的过程。假如球的动量变化量一定，若能延长接球时间，则手套受到的平均作用力变小，可降低运动伤害，因此捕手手套在设计时重点考虑增加缓冲时间，减少捕手承受的平均作用力。

同样的道理也适用于汽车的防护装置，例如安全气囊。车祸发生瞬间会产生极大的撞击力，伤害驾驶员与乘客；若能延长撞击力的作用时间，则可降低平均作用力对人体的影响，安全气囊正好起到延长接触时间的作用，降低撞击对人体的冲击力。

角动量比动量多了一个"角"字，看到"角"这个字，应该会联想到物体转动时的角度变化吧？是的，刚刚提到的动量，与金属块的移动相关，角动量与转动相关。平常物体的运动不外乎移动和转动。

驻足路边，当一部汽车从身旁经过时，为了看清楚它究竟是什么车型，我们必须随着汽车的踪迹转头观看。这样的举动代表运动中的汽车相对于我们观察者而言是在转动。

对于运动中的汽车可用动量表示车的运动状态，相对于我们观察者而言，汽车是具有转动现象的物体，也会有相对应的转动状态，可保持转动的惯性，直到外力介入，才会使物体停止转动。我们将**表征物体转动时的物理量称为角动量**(angular momentum)。

物体相对某一支点转动的角动量，与转动半径、物体的质量和转动速度都有关。转动中的物体，相对一支点具有角动量，具有角动量才能稳定转动。如果转动物体相对一支点的力矩为零，则转动物体的角动量不会改变，此称为**角动量守恒**。

前面提到，角动量与转动半径、物体的质量和转动速度有关，也等于转动惯量和转动角速度的乘积。转动惯量与转动半径、物体质量有关，半径和质量越大，转动惯量就越大，表示转动状态越不容易改变，即转动角速度就越不容易改变。**走钢索的人双手张开时，会增加转动惯量，不易晃动，人在钢索上可快速调整身体重心位置，从而达到新的平衡。**

人在高空走钢索时双手会张开，是一种本能反应，当我们处在深渊时，也会自然地张开双手，企图迅速平衡身体。

在运动竞赛中，应用角动量守恒最好的例子就是花样滑冰和跳水比赛了。花样滑冰运动员旋转时，由于摩擦力的作用点非常靠近旋转轴，其力臂几乎为零，故力矩几乎为零，花样滑冰运动员的角动量为定值；当运动员将双手向外伸展时，转动惯量增大，转速变慢；当运动员将双手抱在胸前尽量向内收拢时，转动惯量减小，转速变快。

接下来看看跳水比赛。当跳水运动员离开跳台时，仅受到地球重力的作用，且重力作用在身体质量中心。若以身体质量中心为参考点，运动员所受的重力对身体产生的力矩为零，因此在下落过程中角

当运动员将双手向外伸展时，转速变慢；当运动员将双手抱在胸前向内收拢时，转速变快。

动量守恒。若运动员收缩身体，使转动半径变小，转动惯量减小，则转速会变快；若运动员伸展身体，转动惯量增大，则转速变慢。

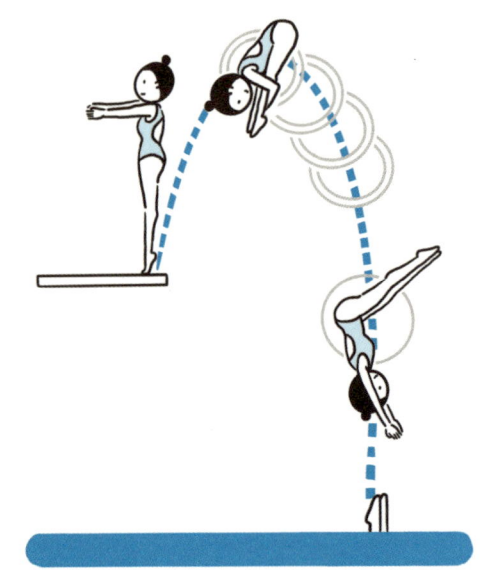

跳水运动员在空中下落时，会伸展或收缩身体，以改变转速。

👁 无人机和直升机的飞行也符合角动量守恒定律吗？

无人机是利用4个螺旋桨来控制上升、下降与旋转的。当4个螺旋桨向下吹空气时，就能使无人机获得向上的升力，合力为零时，就能使无人机保持在同一个高度，此时若4个螺旋桨同时加快旋转，无人机就会上升得更快。

假如要使无人机维持不旋转状态，就要让两组对称的旋翼呈相反方向旋转，当两组旋翼呈相反方向旋转时，由于无人机的总角动量为零，此时无人机不会转动。

而直升机，除了上端的主螺旋桨之外，还需要尾端的侧螺旋桨才能稳定机身，这也是应用了角动量守恒定律。

值得一提的是，天生的体操好手——猫咪，善于利用角动量守恒定律。当猫咪从高处以背朝下降落时，由于重力作用通过猫咪的质量中心，合力矩为零，故也遵循角动量守恒定律。在角动量守恒的情况下，猫咪通过伸展与收缩四肢及躯干，在空中调整四肢的角度等，最后安全落地。

07 小小的指尖陀螺立大功

时事话题

NEWS | 2019年，媒体曾报道台湾大学应用力学研究所副教授陈建甫主持的研究团队，利用指尖陀螺快速旋转产生的离心效应，从血液中分离出血清，且成本低廉。该研究不仅是全球首例，还登上了国际著名期刊，并获美国化学会赏识，以专文报道。

笔者曾经带学生到台湾大学应力所向陈建甫请教流体力学问题，聊及"用指尖陀螺分离血清"的新闻报道，学生们皆深刻体会到"从生活情境中探究科学"的趣味性和可行性。本节就来聊聊指尖陀螺吧！

指尖陀螺利用"离心效应"分离血清

医学检验单位，一般需利用专用的离心机，从血液分离血清样本。指尖陀螺的转速为每分钟1200转，只需一滴血的血量，它就能通过圆周运动的向心加速度伴随产生的离心效应，把血液中的血清分离出来。

相较于传统的离心机，指尖陀螺一点也不昂贵，而且体积更轻巧，因此，这项研究大大帮助了医疗资源匮乏的地区进行抗体检测、感染疾病确诊等，可说是扮演了"小玩具，立大功"的角色。

指尖陀螺利用离心效应分离血清。

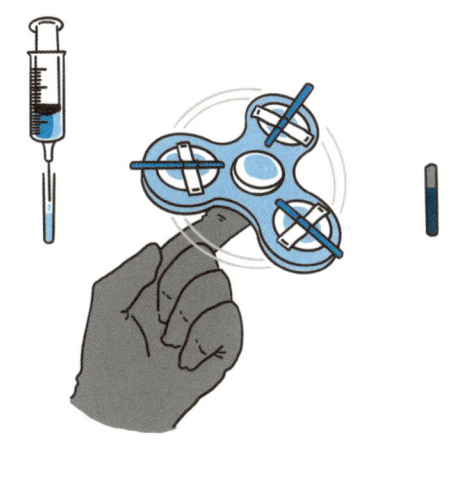

使用指尖陀螺分离血清前(左图)、后(右图)。

☀ 指尖陀螺转动的原理是什么?

　　指尖陀螺的材质,主要是铝合金、黄铜、不锈钢或塑料等,通常外形扁平,呈三角形,3个顶点较重。指尖陀螺中间转动的核心是"轴承",大抵是由不锈钢、陶瓷或其他复合材料构成的。

　　核心轴承由内、外环构成,其间置入可滚动的钢珠,减少摩擦,因而指尖陀螺能快速转动。陀螺能否转得顺畅,取决于轴承的质量。

　　指尖陀螺是怎么转动的呢?从物理学的角度来看,**手指一拨,指尖上的作用力对陀螺中心的轴承产生力矩,就能使陀螺转动**。力矩决定物体转动,对轴承没有产生力矩,物体就无法转动。力矩包含作用力和作用力到轴承的垂直距离(力臂)两个因素,作用力和力臂的乘积为力矩。力矩越大，陀螺越容易转动。

陀螺转动之后，要怎样才能让陀螺转得快或转得久呢？这就涉及角动量和转动惯量了。

指尖陀螺其实跟花样滑冰运动员滑冰时的物理原理几乎相同。本章前一节谈到，当花样滑冰运动员把双手缩回胸前时，转速会变快；展开双手时，转速则变慢。这个运动速度变化的现象，其深层的物理原理为角动量守恒。以中心轴承为转轴的一个物体转动时，它的质量、转动半径的平方以及角速度三者相乘，称为此物体对轴承的角动量。若没有外来的力矩介入，角动量就不会改变，好比骑自行车，一直稳定骑，轮胎转动时就能维持一定的方向和转速。

讨论物体转动时，也会讨论一种物理量——转动惯量。相对一个特定的转轴点或支点转动时，一个旋转物体的质量和转动半径的平方的乘积称为此物体对这个支点的转动惯量。若有好几个物体都环绕这一个支点转动，这些物体就构成一个系统，系统的转动惯量可累积相加，形成系统的转动惯量。因此转动惯量与转动物体的质量和转动半径有关，会影响物体转动的难易程度。转动惯量越大，越不容易转动；同样的，若物体已经转动，那么，要让转动惯量大的物体停下来，也不容易。

要让指尖陀螺转得快，轴承的设计很重要，要减少摩擦力。如果想要转得久，三角顶点可选择密度较大的材料，也许可以考虑黄铜。当然，想要让指尖陀螺转得又快又久，拨的力道大一点，这样对轴承产生的力矩就会比较大，自然也就能转得又快又久。

陀螺的由来

谈到陀螺,可能会唤起许多人的共同记忆,闽南语称陀螺为"干乐"。依据史籍记载,明朝的《帝京景物略》一书中,提及当时民间生活的一首童谣中有一句"杨柳儿活,抽陀螺",也许可说明陀螺是当时民间儿童的流行玩具。

而今随着时代演变,陀螺从"古早味"到"创新味",从"传统陀螺""倒立螺陀""战斗陀螺"到近年的"指尖陀螺",又玩出了崭新样貌。

08 云霄飞车能一直运行不停止吗?

时事话题

NEWS | 乘坐云霄飞车（过山车）体验那种让人想放声尖叫的刺激感，多数人是既期待又怕受伤害，但仍有不少人争相体验。根据美国游乐园协会的统计，新冠疫情爆发前，例如2016年，造访美国近400家游乐园搭乘云霄飞车的游客，就有近3.8亿人，可见云霄飞车的魅力惊人。

一些大型游乐园都设计了吸引游客体验重力作用和速度的云霄飞车，这些游乐园绝对是户外教学时学生最想造访的景点之一。

云霄飞车简史

相传当初云霄飞车的设计灵感，源自俄罗斯冬季斜坡道的雪橇运动，当时脑筋转得快的商人，把它引进法国，并用轮子和小车的组合取代雪橇，打蜡的轨道则成为另一种滑雪道。

根据历史记载，世界第一座游乐园里的云霄飞车诞生于1817年的法国巴黎，当时可说是引领风骚的游乐设施。轨道材料以木头为主，轮子和小车紧紧地固定在轨道上，避免因车速过快、向心力不足而脱离轨道。后来，改良云霄飞车的设计者继续发挥才智，创造出了更惊悚的坡道和更曲折的弯道。1873年，一群创意十足的人在美国宾夕法尼亚州的一处矿区，让改造的矿车风驰电掣一般，在山间奔驰，滑到终点时，再由驴子把矿车拉回山上的出发点。这应该就是云霄飞车的雏型。

最早提出申请设计、建造和营运云霄飞车专利的，是被誉为"重力应用之父"的汤普森(LaMarcus Adna Thompson)，他在1884年取得专利。他曾经制造过10余项云霄飞车设施，以在纽约开通和营运的云霄飞车而言，当时每日可为他赚60美元。之后，汤普森的云霄飞车引起了更多商人的兴趣，他们陆续在其他国家建造云霄飞车，掀起全球游乐园建造云霄飞车的风潮。20世纪初，全球云霄飞车数量已高达2000座。

笔者曾到美国加利福尼亚州立大学洛杉矶分校交流与学习，友人带我搭乘加州迪斯尼乐园里的云霄飞车，十分刺激。这一云霄飞车设施于1959年打造，轨道是以近乎光滑的全新钢铁材料制作，这项创举也促使其他游乐园经营者以钢铁轨道取代木质轨道，使云霄飞车能承受更大重量，甚至开发倒挂车厢或建造更高耸、更惊险的弯道，来增强游客的刺激体验。同时，在云霄飞车的运行中加入计算机程序设计，以提升车子的安全性。

以钢铁作为云霄飞车轨道的材料，可减少摩擦力，提升安全性。

云霄飞车运用到哪些物理学原理？

云霄飞车的运作，应用到牛顿力学中圆周运动的向心力及能量转换的概念。当车厢快速转弯时，向心力的来源是车子受到的重力和轨道对车厢的支持力的合力。云霄飞车最初上坡时，需要电力来带动运输带，将车厢运输至高处，这期间是将电能转变为动能与重力势能，也就是机械能；这时，乘客在最高处会感到不寒而栗，接着，云霄飞车突然俯冲而下，乘客尖叫连连，这段往下俯冲的过程，不需耗用电力，而是由高处的重力势能扮演发动机，重力势能转变成动能，使车厢高速向下移动，接着，车厢的动能再转变为重力势能……如此不断转换能量。

此外，钢铁轨道虽能减少摩擦力，但在这种如水滴形状的圆形轨道上运行，**车厢最初到达的高度必须大于圆周半径的2.5倍才行**，这样，云霄飞车才能顺利通过圆周最高点。换句话说，车厢在轨道最低点的速率要够大，大于某一个特定值，才能使车厢完成圆周运动，带给游客飞车奔驰的快感。

有学生问我："云霄飞车能一直运行吗？"真是"大哉问"！如果云霄飞车能不受空气阻力的影响，轨道的摩擦力也小到可以忽略

在圆形轨道上运行的云霄飞车，车厢最初到达的高度必须大于圆周半径的2.5倍才行。

不计的话，那就可行。然而实际上，空气阻力存在，轨道的摩擦力也很难小到可以忽略，而且机件之间仍有摩擦力，摩擦就会生热，因此会逐渐消耗云霄飞车的机械能，机械能一旦减少，就会使云霄飞车可攀升的高度逐渐降低。

👁 为什么云霄飞车的轨道要设计成水滴形状？

以牛顿力学来分析，云霄飞车利用车厢受到的重力和轨道的支持力为动力，以这些作用力的合力作为向心力，因此要有足够的合力，才能使云霄飞车顺利进行圆周运动。根据能量守恒定律，我们可计算出：当乘客到达云霄飞车轨道最低点时，瞬间加速度量值可高达重力加速度的5倍，一般人无法承受，**因此，云霄飞车通常会增大回转半径，以减小加速度的数值，所以我们常见的云霄飞车轨道会设计成类似水滴的造型**。

那么，需要多大的向心力才能使物体在空间中转圈圈，进行圆周运动呢？一物体在进行圆周运动时，必须依赖外力提供物体转圈圈所需的向心力，向心力把运动中的物体拉向圆形轨迹的中心，才能使物体具有向心加速度并顺利转圈。圆周运动需要向心力，但向心力必须依赖外力提供。什么是外力？如万有引力使卫星绕地球运动，万有引力对卫星而言是外力；路面的摩擦力对赛车而言是外力。

向心力的大小与物体的质量、速率平方和轨道半径有关：质量愈大、速率愈大、轨道半径愈小，需要的向心力就愈大。向心力一旦不足，自然会增加转弯时滑出轨道的可能性。交通悲剧事故常发生在转弯时。若车速过快，地面摩擦力就不足以提供转弯所需的向心力，车就会沿运动路线的切线方向飞出去，酿成悲剧。

关于轨道，还有一个跟物理学有关的设计。就能量的形式而言，运动中的物体具有的动能与它的质量和速率有关，质量愈大，速率愈快，动能就愈大。一物体的质量愈大，距离地面愈高，那么此物体对地面而言，重力势能就愈大。物理学的机械能守恒，指的是物体仅在重力作用下，动能和重力势能的总和在运动过程中保持不变。但是，如果有摩擦力介入，会消耗机械能，机械能就不是定值，也就是机械能不守恒，但仍满足能量守恒定律。

云霄飞车虽仍须依靠电力提供最初爬坡的动力，但之后的路程可由重力势能和动能的相互转换来完成。当车厢到达最高点时，其重力势能最大，下降过程中转换成车厢的动能。不过，在能量转换的过程中，车轮与轨道之间的摩擦力会损耗机械能，这是云霄飞车的轨道高度在车厢运动过程中逐渐降低的道理。

值得一提的是，云霄飞车的车厢在最低点时，合力造成的加速度方向朝上，所以轨道对乘客向上的支持力比重力大，此时乘客可以感受到身体比平常还要重的超重现象，也就是感到身体格外沉重。在最高点时，乘客身体倒转，指向地面的重力和轨道向下的支持力的合力，指向圆形轨道的中心，提供车厢圆周运动需要的向心力，此时乘客觉得好像被狠狠拖出座位一般。在最高点时，车厢运动的速率不可以太小，小到某一数值时，若车厢与乘客未与轨道紧密相连，恐有掉落的危险。因此，云霄飞车在圆形轨道最高点时，必须具有一定的速率。

运动与力学　　37

09 调降棒球的恢复系数，为何有利投手？

时事话题

NEWS | 棒球赛是许多人喜爱观赏的运动之一，而关心赛事的球迷可能经常会看到新闻媒体使用这些标题："棒球恢复系数偏高""调降恢复系数，有利投手""4年来最弹，联盟加强检测比赛用球"等。由于棒球"弹不弹"是会影响投打守备纪录的，职业棒球联盟自然要关心比赛用球的"恢复系数"。但，恢复系数是什么？它是怎样影响棒球被打击后的速度与弹跳情形的呢？

多数物体的恢复系数小于 1

恢复系数是棒球的专业术语，英文全名是 coefficient of restitution，简称 COR，指的是棒球碰撞坚硬且质量很大的平面后，反弹速度的大小与碰撞前速度大小的比值，此恢复系数与一般的"弹性系数"不同。

依据台北市立大学运动器材科技研究所的检测程序，棒球必须先在一定温度和湿度的环境内放置 14 天，研究人员再测量棒球的质量、半径、温度等物理量，然后用固定发球机发射球，撞击固定的钢板，经过两道光闸测得撞击前后的速度大小，计算这两次速度大小的比值，就能测得一次恢复系数的数据。这样重复 6 次，取其平均值，就得到该棒球的恢复系数了。

除了棒球，其他物体的恢复系数也可以这样定义。在日常生活中，物体的恢复系数大多小于1。例如篮球的恢复系数也小于1，当篮球从高处掉落在地板上，反弹的高度越来越低，表示它的动能越来越小，动能和重力势能总和逐渐减小。

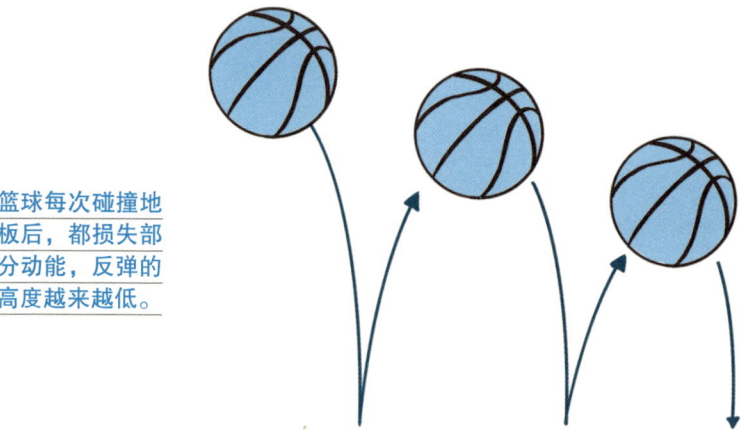

篮球每次碰撞地板后，都损失部分动能，反弹的高度越来越低。

日常生活中的物体碰撞，大多是"非弹性碰撞"，也就是会损失动能，碰撞前后的总动能不同。例如汽车碰撞后的总动能会变小。

由于物体的质量、速度与恢复系数都不同，因此碰撞时的情形也五花八门。例如在棒球场上，长打时，球棒向前快速挥出，球与球棒相向，彼此快速接近。由于球棒比球的质量大很多，球棒击中球后，球棒与球共同形成的系统质量中心(简称为质心)会同向运动，但球和质心的相对速度只略减一点，所以球速就变得很快。

打击者站在本垒板打击区打击时，若教练团指示战术为短打，打击者会让球棒向后运动或静止，于是质心向后运动，球相对质心的速度不大，所以球碰触球棒后，球速就变慢。

👁 棒球太弹，会造成投打失衡！

由于棒球内部的羊毛成分较多、缠绕更紧密，因此跟其他球类相比，恢复系数较大，比较容易弹跳。

就棒球来说，如果恢复系数较小，被击出的棒球的球速较慢，不容易形成全垒打。棒球在球场上弹跳得差，防守球员就比较容易掌握球的运动路径。相反，如果球的恢复系数较大，被击出的棒球的球速较快，弹跳情况也较剧烈，这样的棒球不易防守，投手容易被打爆，而牛棚投手（替补投手）几乎无暇喘息。

尽管投打失衡会提高打击者的打击率，增加满场飞的全垒打让球迷嗨翻天，但同时也增加了野手守备的压力，拉长了比赛时间，导致选手、教练、裁判和观众都过度消耗心力，对球赛而言未必是好事。

如果棒球的恢复系数较小，被击出的棒球的球速就慢，不易形成全垒打；如果棒球的恢复系数较大，被击出的棒球的球速较快，不易防守，投手容易被打爆。

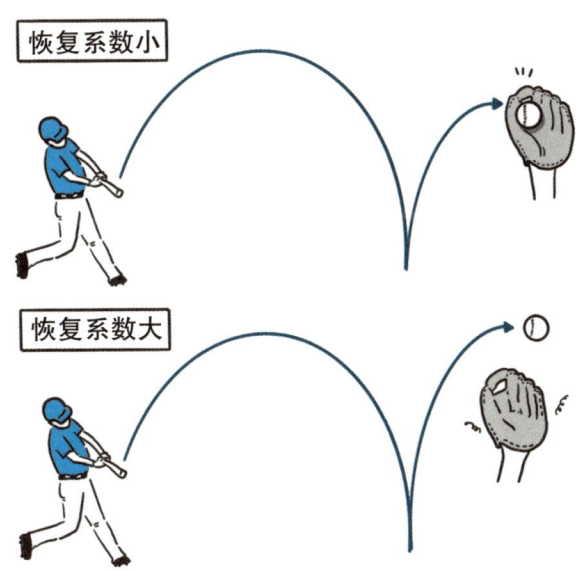

陨石撞击月球时，损失的动能到哪里去了？

首先，我们知道在物理学上，能量是守恒的，物体在碰撞过程中，损失的动能会转换成其他形式的能量。例如，棒球与球棒的恢复系数都小于1，当棒球与球棒碰撞后，损失的动能不会消失，而是转换成热和声音等形式的能量，然后散逸在周围的空气中。

陨石与月球表面的恢复系数都远小于1，当陨石撞击月球时，陨石不会反弹，而是直接撞进月球的怀抱。碰撞的瞬间，陨石的部分动能就转变成热能，有时会使月球表面熔化而形成坑洞；陨石的另一部分动能则可能转变成月球内部震动的能量。

第二章

声波与光学

歌手唱歌时，竟把一旁的高脚杯唱破，这在物理学上真的可能吗？克罗地亚的著名公共艺术作品"海风琴"是怎么发声的？阳明山竟曾出现持续9小时的彩虹，还打破吉尼斯世界纪录，这是怎么回事？本章从声学与光学的视角，为你分析这些有趣的声光现象！

声波与光学　43

01 超声速战斗机的声爆效应

时事话题

NEWS | 2022年2月，俄乌冲突爆发，媒体曾报道俄罗斯使用了超声速导弹，其飞行速率为声速的5~10倍。当飞行物移动速率超过声速时，对地面环境会有什么影响？

同样另一则也是飞行物移动速率超过声速的新闻。几年前，新闻曾报道某军战斗机空中演习时，导致附近养鸡、养鸭农户亏损严重，这是怎么回事？原来，当战斗机飞行速率超过声速时，造成地面发生"声爆"（sonic boom）现象，吓坏了鸡、鸭群，它们惊慌逃窜时互相踩踏造成了伤亡。

音浪太强！小心声爆现象

为什么当飞行速率超过空气中的声速时，会对地面环境造成影响？因为声波能传递能量，当空中飞行物的移动速率超过声速时，地面会接收声波的冲击波形成声爆。

关于声爆，还可以聊聊物理学的**多普勒效应**（doppler effect）。多普勒效应是波动的一种特性，可用于天文观测。例如通过观测光谱的蓝移或红移现象，来分析星球的运动、推测远方的天体正在靠近地球还是远离地球，这在天文学的研究中相当重要。声波也同样有多普勒效应。

我们站在路边，看着警笛鸣叫的消防车从远处疾驶而来，又从眼前呼啸而去，会觉得警笛声的音调有高低的变化，接近时音调升高，远离时则降低。这种由于声源与观察者之间的相对运动，使得声源的音调听起来有高低变化的现象，就是声学上的多普勒效应。当声源朝观测者接近时，观测者测量到较高的频率；当声源远离观测者时，则测量到较低的频率。若声源不动，观测者朝声源接近，此时观测者测量到较高的频率；反之，则会测量到较低的频率。

测速雷达的设计就是应用多普勒效应的原理，而蝙蝠更是充分应用多普勒效应原理的极致代表。例如马铁菊头蝠，它对特定声音频率非常敏锐，当它发出特定频率的声波探测周围环境及可能的猎物时，反射回来的声波会因为多普勒效应而偏移原来的频率。此时，马铁菊头蝠会调整发出的音频，使得反射回来的声波刚好是它听觉最敏锐的频率。**马铁菊头蝠依据发出频率及接收特定频率之间的差异，来推测猎物的运动状态。**

马铁菊头蝠会依据发出频率及接收特定频率之间的差异，来推测猎物的运动状态。

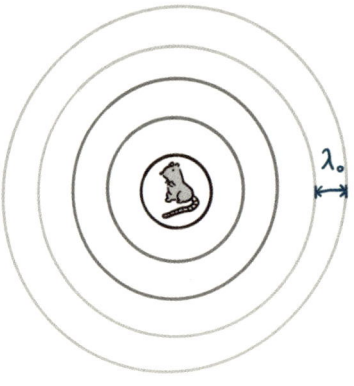

我们现在已大致了解声音的多普勒效应。那么，假设声源的运动速率超过声速，使观测者测量到的频率好似无限大，这种情况下的冲击力会是怎样呢？请看下图：

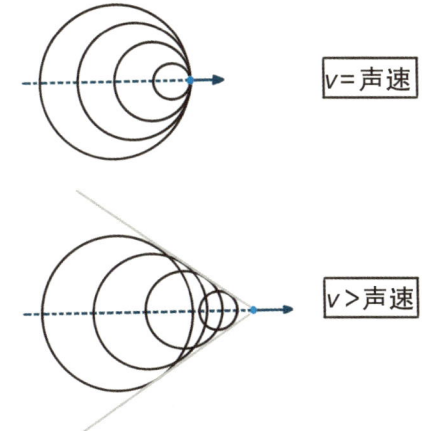

声源以不同速率运动时，所产生的球面波分布情况：上图是声源的运动速率等于声速时，空气中产生的球面波情况；下图是声源的运动速率超过声速时，波形重叠，产生圆锥形的冲击波。

当声源速率等于声速时，产生的球面波如图中的上图所示，迟发出的声波会追上之前发出的波，各波堆栈在声源的前进方向；然而，若声源速率大于声速，称为**超声速**（super sonic speed），这时，迟发出的波反而超越之前发出的波，各波会堆栈形成圆锥形的波，通过圆锥顶点的截面就像"V"字，此圆锥面和声波随着声源移动，在空气中传播。由于空气被挤压在圆锥表面的前沿，使该处的空气压力先是陡升、接着下降，然后再回升到正常值。**由于压力急剧变化，会产生冲击波（shock wave）**。当冲击波触及地面上的观察者时，观察者就会听到爆裂般的巨响，这称为声爆。换句话说，当战斗机或导弹以超声速在空中飞行时，地面的观察者可能会听到声爆声，这是战斗机或导弹形成的冲击波传至地面而形成的巨大声响。

补充说明，新闻曾报道过导弹的飞行速率为5马赫，什么是马赫数（mach number）？马赫数代表声源速率与声速的比值。若战斗机以2马赫飞行时，就表示战斗机的速率为空气中声速的2倍；同理，导弹飞行速率为5马赫，表示导弹的移动速率是空气中声速的5倍，这会在地面产生惊人的声爆，同时可能会对地面的观察者造成伤害。

声波与光学　47

物理小教室

多普勒效应

波具有反射、折射的现象，不论反射或折射，波的频率都不会改变，这是因为频率与波源的振动有关，与介质和狭缝等无关。然而，当波源和观察者之间发生相对运动时，观察者接收的频率会产生变化。波源靠近静止的观察者，观察者接收的波长变短，频率会升高；反之，当波源远离观察者，接收到的频率降低。若是观察者靠近静止的波源，由于单位时间内接收波的数量增加，因此频率升高；相反的，远离时，观察者接收波的数量减少，频率降低。

因此，波源与观察者相对位置靠近时，观察者接收到的频率升高；相对位置远离时，观察者接收到的频率则会降低。这种因波源与观察者相对速度改变，进而影响观察者接收频率的现象，称为多普勒效应。

当波源靠近男士观察者时，观察者接收到的波长变短，频率升高；当女士观察者主动靠近波源时，观察者接收到的频率也会升高。

02 多普勒效应在不同领域的应用

时事话题

NEWS | 你是否有这样的经验：当一辆救护车经过我们时，警示声的音调会有明显的变化。这是发出声音的声源，与我们观察者之间的相对运动造成的"错觉"现象，也称为多普勒效应。此效应是物理学家多普勒在1842年发现的。以下介绍多普勒效应在不同领域的应用。

声学上的多普勒效应

上一篇文章曾提过，声音的多普勒效应是指，假设同一物理环境，空气中的声速几乎不变，若单一频率的声源相对接近观测者，则观测者接收声波的频率会升高，也就是接收的波长相对变短；若此声源相对远离观测者，则观测者接收声波的频率会降低。换句话说，单一频率的波源静止时，各方向的静止观测者测得的频率都一样，但当波源与观测者发生相对运动时，观测者测得的频率与静止波源发出的频率不同。

目前交通警察都已采用科技执法，其中声音测速的方法，就应用了多普勒效应的原理。测速仪向行驶中的车辆发射已知频率的超声波，测量反射波的频率，根据反射波的频率变化量，就能知道车辆的速率。带有多普勒测速仪的监控，大都装在路旁的高处，在测速的同时,也拍摄车辆牌照信息,并在照片上自动打印测得的速率。此外,例如球探搜集投手的投球球速、蝙蝠或海豚利用声波侦测周围移动的物体,其原理相似。

光学上的多普勒效应

不仅声波有多普勒效应,所有的波动都有类似的现象,包括水波、电磁波等。

以电磁波的可见光波段为例,当光源与观测者相对接近时,则观测者所见光波的频率会升高,也就是光波的频率会往较短波长的蓝光方向偏移,此现象为<u>蓝移</u>(blue shift);反之,当光源与观测者相对远离时,光波的频率降低,往较长波长的红光方向偏移,此现象称为<u>红移</u>(red shift)。

多普勒效应可用于探究天体的运动,我们接收测得的光谱线位置会因恒星运动而偏移。若光谱线红移,则可推知该天体正远离地球。

提到探索宇宙,自然想到太空望远镜,想到著名的哈勃望远镜。这里顺便聊聊哈勃。

哈勃是一位知名的美国科学家,曾经测量远方星系特定元素的光谱,并且将其与地球上同一种类元素的光谱进行比对分析,分析后得到了重大发现:来自远方星系的光,其光谱都向红色的一端偏移,称为红移现象。星系离我们越远,偏移的程度越大。

光谱红移是什么意思?根据光波的多普勒效应,红移现象是星系与地球的相对运动造成的。哈勃发现,远方的星系正离地球远去,而且星系远离地球的速率与该星系和地球的距离成正比。换句话说,距离地球越远的星系,远离地球的速率越大,我们称这一发现为哈勃定律。哈勃定律告诉我们:<u>**星系之间互相远离,宇宙正处于膨胀状态中**</u>。

医学上的多普勒超声波

在多普勒超声波的检查中，除了体内组织的影像外，还可通过测量超声波的反射波的频率变化，来计算血液流速，提供医疗信息。其原理是，血管内的血液流动，可通过超声波波源与血液的相对运动来观察：当血液接近声源时，反射波频率升高；当血液远离声源时，反射波频率降低。反射波频率的变化量，与血液的流动速率成正比。根据超声波的频率变化量，就能测定血液的流速，提供医疗诊断的依据。

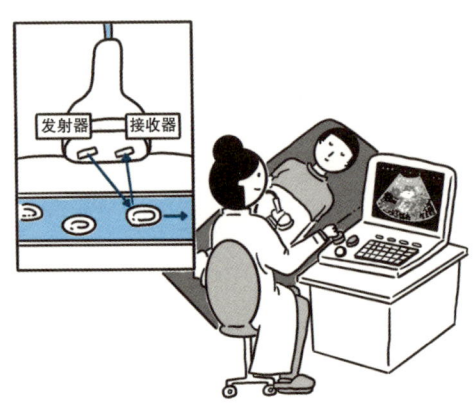

医院检查血液的血流量计是运用多普勒效应的原理设计而成的。

声波与光学

03 唱歌竟能把玻璃杯唱破?

时事话题

NEWS | 一个综艺节目里,歌手唱歌时竟然唱破高脚杯!学生跑来问我:"把高脚杯唱破,这在物理学上有可能吗?"真是好问题,这究竟是节目效果,还是科学现象呢?电影情节里也曾出现过,主角大吼一声,把人震退好几米,这到底有可能吗?声波真的可以这样传递能量吗?

👁 唱破高脚杯是真的!

歌手唱破高脚杯,就物理学来说是有可能的。而且,用物理实验室的声波共振击破器就能验证歌手是否真能唱破高脚杯。把声波发生器的频率调整到与高脚杯的固有频率(natural frequency)相同,此时若有足够的声波振幅,就能击破杯子。**声波可以通过空气等介质传播能量**的特性,也被应用在超声波仪器中,协助医生处理病患的肾或膀胱的结石问题。

物理学中,**声音的共振现象也称为共鸣**。乐器发出悠扬的乐音,正是运用共鸣的原理,例如吹奏管乐器时,嘴唇吹气引发空气振动,因乐器管内的空气柱包含不同的频率,只有与乐器管内空气柱的固有频率相同时,才会发生共鸣,于是成为我们听到的乐音。两端固定的弦,受到外界略微拨动后,可产生一系列不同频率的驻

歌手唱破高脚杯，就物理学原理来说是有可能发生的。

波，而物体的固有频率不止一个。若外界的扰动呈周期性变化，例如用手周期性轻碰单摆，物体会随之振荡。当外界扰动的频率恰好与物体的固有频率相同时，即便是很小的扰动，也会让物体产生大幅的振荡，此现象就是共振。

什么是物体的固有频率：物体若受到外界微扰，会以固定的频率来回振荡，该频率称为该物体的固有频率。

共振有可能造成灾难事件

物体发生共振时，因能量传递的效率高，也很可能造成灾难事件！1985年，墨西哥市发生大地震，其振动频率集中于0.5赫兹左右，造成特定高度的建筑物大量倒塌。固有频率高于0.5赫兹的较矮建筑物，或固有频率低于0.5赫兹的较高建筑物反而安然无恙，学者曾解释其主要原因就是共振。

另一著名的实例是，1940年，美国华盛顿州的塔可马海峡吊桥被强风吹毁而落海。此事件引起广泛的讨论，大家好奇究竟是什么原因造成吊桥崩塌而落海的。

物理学家们科学观点解释，主因可能是事件发生当天，强风吹袭桥面造成吊桥摇摆，吊桥周期性摇摆的频率又恰好与吊桥的固有频率非常接近，因此产生共振效应使桥梁大幅振动，最终造成大桥崩塌断裂。

　　为何强风不断吹袭，会使吊桥因共振而崩塌呢？这与第一章提过的流体力学卡门涡街效应有关。为何会产生卡门涡街效应呢？当空气等流体流经阻碍物时，流体会从阻碍物的两侧分离，形成交替的涡流，涡流会使阻碍物两侧流体的瞬时速率不同。依据流体力学的伯努利定理，流体流动的速率不同时，阻碍物两侧的瞬时压力也不同，因而形成作用力，使此阻碍物振动。

　　最新的实例是，2021年位于深圳的赛格大厦剧烈摇晃，专家学者判断原因之一就是卡门涡街效应造成共振，从而引起大厦晃动。塔可马海峡吊桥崩塌事件后来也成为桥梁工程的重要警示实例。现代的建筑工程师，建筑大楼和桥梁等工程设施时，皆会采取相应措施，以减少因共振效应造成毁灭性灾难的可能性。

04 "海风琴"的设计灵感

时事话题

NEWS | 听音乐有很多好处，例如减缓压力、提升睡眠质量等。常见的乐器，不外乎弦乐器、管乐器和打击乐器等。高雄市卫武营艺术文化中心拥有目前亚洲最大的管风琴。管风琴在西方宗教仪式中扮演着重要的角色，是世界最大型的乐器之一，流传至今已有2000多年的历史。当演奏者踩下管风琴的踏板或按下琴键时，对应音管的管塞会打开，气流进入该音管，即可发出声音。

本文则介绍一种非常特殊的乐器，叫作"海风琴"（sea organ），它位于克罗地亚的扎达尔市海边，是一个著名的公共艺术作品。为了解海风琴的创意设计，我们先了解一下乐器发声的原理。

乐器是如何发声的？

你知道管风琴中不同的音管能发出不同的特定频率的声音吗？弦乐器如胡琴、吉他、小提琴，管乐器如梆笛、长笛、单簧管，它们之所以能发出声音，跟物理学的驻波和共鸣有关。

什么是驻波呢？拉琴时，两端固定的弦受到扰动，形成弦波，弦上的入射波和反射波的波长及振幅相同，反向前进的两弦波，在有弹性的弦上相遇，形成合成波，此合成波既不向左也不向右传播，而是在平衡位置振动，这样的合成波，就称为驻波。各种乐器的发声原理都和驻波相关。

弦乐器如小提琴，两端固定且弦线的长度固定，其驻波的频率不止一种，所有驻波的频率统一称为谐音。振动频率最低的音，称为第一谐音，也称为基本谐音或基音；若比基音的频率还高，则这些较高频率的谐音称为泛音。第二谐音的频率为基音频率的2倍，称为第一泛音；第三谐音的频率为基音频率的3倍，也称为第二泛音，依此类推。

乐器发出的声音，通常由好几个谐音以不同强度组合而成。谐音的相对强度不同，合成波的波形就不同，音色也不同。音调的高低由基音频率决定，所以不同乐器虽然可发出相同频率的声音，但听起来却不一样。每一种乐器都有它独特的音色。

管乐器利用空气柱形成驻波，管风琴内的空气柱，皆有一系列的固有频率，也因此形成了稳定驻波的频率。长直空气柱的管乐器，依驻波的形成方式不同分为开管乐器和闭管乐器两类。开管乐器指的是两端都是开口端的管乐器，例如长笛，空气柱两端的气压与大气压力相同，气压变化小，形成驻波时两开口端都是空气分子振动位移最大的地方，此处称为驻波的波腹。发生共鸣的空气柱管内，至少会出现一个空气分子振动位移为零但气压变化最大的位置，此处就是驻波的波节，波在此被绑住，无法振动。用手指按放气孔可改变空气柱长度，就可以改变开管乐器的音调高低了。

👁 "海风琴"的发声原理

位于克罗地亚扎达尔市的著名海边景点"海风琴"，也称为"海浪管风琴"，就是运用上述的乐器发声原理，只是更特别一点。

建筑师从小就在海边生活，喜欢聆听海浪拍打岩石的声音，"海风琴"这个公共艺术作品的设计灵感便来于此。"海风琴"沿

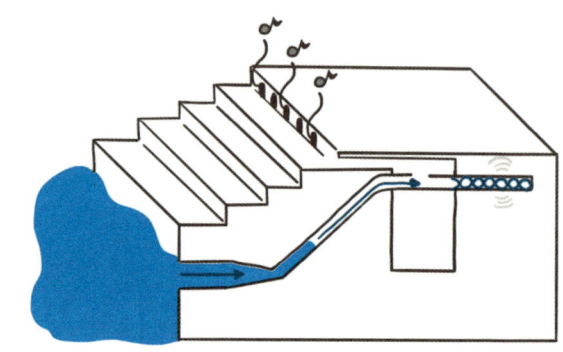

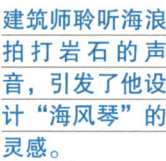
建筑师聆听海浪拍打岩石的声音,引发了他设计"海风琴"的灵感。

岸,有黑白相间代表琴键的石阶,而最特别的莫过于利用海浪推动空气,在深埋于大理石堤岸中的聚乙烯塑料空气柱(风琴管)中产生驻波而共鸣,并将声音传到顶层白色石阶平面的小孔洞,让漫步的游客感受海浪的协奏曲。

"海风琴"的共鸣空气柱共有35支,每支长达70米,各有独特音高。沿着地势,每5支共鸣空气柱为1组,大海就是风箱。游客沿着海边行走时,能感受到与众不同的和声。

借助共鸣空气柱,将"海风琴"设计成公共艺术景点,融科学和艺术于一体,创意十足。"海风琴"在2005年启用后,翌年即荣获欧洲城市公共空间奖,实至名归!

声波与光学 | 57

驻波与共鸣空气柱的进阶说明

将点燃的线香放在扬声器前方，线香所生的白烟会随声波左右晃动，这是白烟左右两侧气压不同造成的。气压大小与气体分子密度有关，密度较大处有较大的气压；反之，则气压较小。

在空气中传播的声波就像弹簧一样，空气分子沿着声波传播方向在原地来回运动，如此便能使空气分子产生疏密相间的分布，因此空气中的声波就是一种纵波，会使传播路径的空气分子产生周期性的疏密分布并向前传播。

声波进入空气管后，遇到另一端会被反射，当入射波与反射波相遇时会形成驻波，声波的能量转换被限制在一定范围内。

长笛、单簧管、箫、小号等管乐器是运用了空气柱形成驻波的原理。不同管乐器的构造未必不同，根据其发声原理，大致可简单区分为闭管乐器与开管乐器两类。闭管乐器是指利用一端封闭，另一端开口的空气柱发声，如单簧管、排笛与小号等；开管乐器则是利用两端皆开口的空气柱发声，如长笛、竖笛等。以竖笛为例，其两个开口端分别为吹嘴处与由上而下第一个手指放开的小孔处。

无论是闭管乐器还是开管乐器，当温度固定时，声速固定，我们皆可通过调节空气柱长度来调整基音的高低。空气柱越短，频率越高，音调就会越高。

当我们对着乐器管柱吹气时，输入的频率可能有很多种，但受限于管柱本身的结构，只有某些频率能形成驻波。这些共振频率能放大且维持较久，我们听到的乐音其实是这些频率组成的合成波。

弦乐器和管乐器类似。拨弄琵琶、古筝等的琴弦可发出声音，"余音绕梁，三日不绝"，只有在弦线上形成驻波，才能产生美妙的乐音。

　　学生常问我："在开管或闭管乐器中，驻波的频率都是基音频率的整数倍吗？"是的。依据空气柱的发声原理，共鸣空气柱的驻波频率只能是某些特定频率，且是基音频率的整数倍；不过，不一定是连续的整数倍，例如闭管空气柱的频率是基音频率的奇数倍。

　　特别强调，一般发声体发出的声音并不是只有单一频率的波，而是多种频率的波，我们听到的声音就是这群波综合而成，其音色由波形决定，声音由一组不同频率的基音和泛音混合成复音。

　　学生也曾问我："共振和共鸣是指声波的能量变大吗？"不是的！不论是单摆的共振或音叉的共鸣，都遵守能量守恒定律。共鸣管中的声音发生共鸣后，听起来感觉声音变大，其实是能量被集中后，波的振幅变大了。

05 天空为什么是蓝色的?

时事话题

NEWS | 潘越云的《天天天蓝》,是一首很经典的作品。短短数句歌词,淋漓尽致地吐露了思念的心情。学生曾经问我:"为什么不是天天天红或天天天紫呢?"本节就来为各位解答这一问题。

👁 天空有可能不是蓝色,而是别的颜色吗?

"天空为何是蓝色的?"这问题与"是孤帆远影碧'山'尽,还是碧'空'尽?"的理由类似,都跟物理学的光学理论**瑞利散射**有关。晴朗的天空呈现蓝色,并不是因为大气本身是蓝的,也不是大气中含有蓝色的物质,而是**大气分子和悬浮在大气中的微小颗粒对阳光散射**的结果。由于介质微粒不均匀,造成光线偏离原来传播的方向,向两侧或其他方向散射开来,这种现象是介质对光的散射,也称为瑞利散射。

我们能看到大自然中的各种颜色,不仅与眼睛本身的结构有关,还涉及了光学反射、折射、散射等物理原理。人的肉眼觉察到的阳光,其实是由不同颜色的光组成的。"光"指的是可见光,它的本质是电磁波,也就是说,可见光是电磁波家族族谱的一种,波长介于400纳米到700纳米之间。不同波段的电磁波,有其特定的波长范围，不同颜色的光对应不同波长。其中，可见光波段的红光，波长最长，能量最低；紫光的波长最短，能量是可见光中最高的。

由于光具有沿直线传播的特性，因此会产生影子和日食、月食等自然现象。然而，当光遇到大气中的尘粒、水滴或气体时，部分光就会被吸收或反射、折射。不同波长的光，被吸收的程度也不同。波长较长的光，如红光，被吸收的程度较低；较短波长的光，如蓝光，被吸收的程度较高。**当气体吸收光后，通过辐射将光射向不同方向，此现象称为散射。**而阳光射进地球大气层时，阳光中的蓝光被大气散射，所以我们仰望天空时，就看到天空是蓝色的。

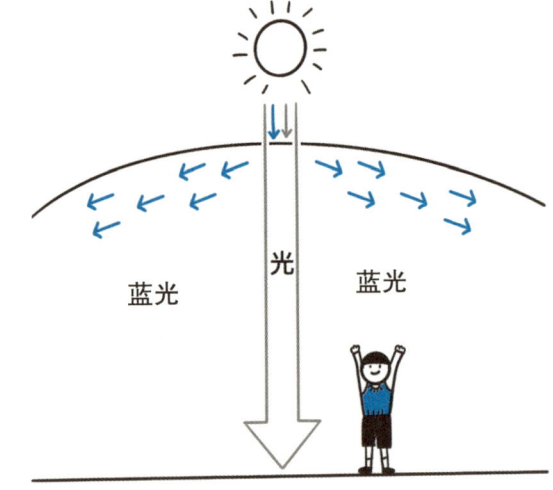

阳光射进地球大气层时，因阳光中的蓝光被大气散射，所以天空看起来是蓝色的。

若用瑞利散射理论来解释，就是光遇到大气中的微粒时，散射光的强度与此光的波长有关，波长愈短，散射强度愈强。人类肉眼可察觉的可见光中，波长较短的蓝光，比波长较长的红光更容易被散射，也就是蓝光比红光易发生瑞利散射，所以白天时天空就容易呈现蓝色。

也许你会想问:"既然可见光中波长较短的光容易发生瑞利散射,紫光波长比蓝光更短,那天空为什么不呈紫色呢?"

天空不是紫色的,理由可归纳两个:一是**阳光中的紫光与紫外线波段,进入大气层后容易被臭氧层吸收**;另一个则是**人类眼睛结构对紫光波段较不敏感**。

也许你会再问:"夕阳西下时天空呈现的颜色偏红,如何解释呢?"日落时,太阳在地平线下,与白天的阳光相比,日落时的阳光需经过较长的路程才到达我们的眼睛。而波长较短的蓝光,比较容易被吸收和散射,只剩下波长较长的红光,因此太阳看起来是红色的。如果当时大气中分布大量尘粒或水滴反射红光,此时天空也会呈现红色。

是孤帆远影碧"山"尽,还是碧"空"尽?

前面解释过"天空为何是蓝色的?"的缘由,与"是孤帆远影碧'山'尽,还是碧'空'尽?"这一问题的道理类似。"孤帆远影碧空尽",出自李白《黄鹤楼送孟浩然之广陵》这首诗:"故人西辞黄鹤楼,烟花三月下扬州。孤帆远影碧空尽,惟见长江天际流。"繁花似锦的3月,李白和好友孟浩然在黄鹤楼西边辞别,李白写诗描述目送孟浩然出行扬州的情况。如果依据瑞利散射理论,3月的白天远眺天际,应该是蔚蓝或碧蓝的天空,所以,或许孤帆远影"碧'空'尽"会比较贴切吧!不过,阅读文学是希望在广阔的意境中多一些想象空间,体悟诗文的美妙,至于是"碧'空'尽"还是"碧'山'尽",好像也没那么重要,科学论述在这里或许只是增加些趣味而已。

瑞利散射、拉曼散射与米氏散射

有关光散射的学问还很多，以下提供3种散射的理论给各位参考。瑞利散射，适用于尺寸远小于光波长的微小颗粒。当光子从一个原子或分子散射出来时，绝大多数的光子是弹性散射。光的强度和入射光波长λ的4次方成反比，波长较短的蓝光比波长较长的红光更容易发生瑞利散射。在光通过透明的固体和液体时都会发生瑞利散射，但以气体最为显著。

拉曼散射，是印度籍物理学家拉曼（Chandrasekhara Raman）提出的观点，拉曼曾获得诺贝尔物理学奖。拉曼散射是指光波在被散射后频率发生变化的现象。瑞利散射后的光子，有极小部分会出现散射后的频率变化，通常比入射时的光子频率低，原因是入射的光子和介质分子之间发生了能量交换。用拉曼散射原理可解释海水为何是蓝色的，卷起千堆雪的波浪何以呈现白色的视觉效果。有些实验室也应用拉曼散射的原理来研究水质。

米氏散射，是指当微尘颗粒的半径大小接近或大于入射光线的波长λ时，大部分的入射光线会沿着前进的方向散射。米氏散射的程度与波长较无关，而且光散射后的性质也几乎不改变。因此，基于米氏散射理论的散射光线会呈现白色或灰色。此原理可用来解释为什么正午时分经过太阳照射的云彩，通常会呈现白色或灰色。

06 一道维持9小时的神奇彩虹

时事话题

NEWS | 雨过天晴，我们常会看到天空出现美丽的彩虹，这是阳光和雨滴邂逅而产生的色散（dispersion）现象。当然，看到彩虹并不稀奇，但要看到出现在空中长达近9小时的彩虹，或全圆的彩虹，就需要天时、地利、人和了。2017年11月，新闻曾报道祖国宝岛台湾上空竟然出现持续9小时的彩虹，打破英国曾创下的6小时的纪录，获得吉尼斯世界纪录的认证。

出现彩虹的物理原理

彩虹是光学的色散现象。下雨后，大气中水珠多，这些水珠就如同三棱镜般，阳光通过水珠后，不同色光的路径会分开，而观察者观看时，视线随光的路径延伸，不同颜色的光看起来像来自不同位置。如果想看到彩虹，一定要有阳光和水珠，且观察者的位置要背向太阳，也就是太阳在地平线东方时，彩虹必定在西方。

为什么会发生色散现象呢？色散，是指**太阳光通过三棱镜或大气中的水珠时，分散成红、橙、黄、绿、青、蓝、紫**等色彩。光线通过不同物质时，传播速率改变而产生偏折的现象称为折射。对三棱镜或水珠而言，不同频率的可见光，具有不同的折射程度，也就是各色光通过三棱镜或水珠时的传播速率不同，折射角度也不同。

因此，三棱镜或水珠可以把太阳光的可见光波段"分离解散"，产生色散的现象。

此外，依据光学色散分析的结果，若以相同角度倾斜入射棱镜或水珠，紫光的偏折角度比红光大。天空出现彩虹时，若仔细观察，可能会看到虹外的霓，虹霓往往姊妹情深，"联袂"演出大自然惊艳的戏码，只不过"霓妹"深知相处哲学，不掠走"虹姐"的光彩。虹霓现象都是阳光照射在悬浮于空中的水滴时，光线在水珠内的折射与反射现象。从地面仰望，虹位置较低，色彩排列是内紫外红；而霓的仰角较大，色彩排列与虹相反，呈内红外紫排列。

为什么虹是内紫外红呢？平行地面射入水滴的阳光，因进入水滴的位置不同，在水滴内经过两次折射与一次反射（即折射－反射－折射）后，会以不同角度折射而出。与地面夹角约42°时，折射而出的红光的强度最大；与地面夹角约40°时，折射而出的紫光强度最大。因此，在地面的我们看到了虹。由于紫光偏折后的仰角较低，红光偏折后的仰角较高，故虹的色彩排列是内紫外红。

知道形成虹的物理原因，我们也可以理解霓的成因了。平行地面入射水滴的阳光，在水滴内经过两次折射与两次反射（即折射－反射－反射－折射）后，会以不同角度折射而出。与地面夹角约51°时，折射出来的红光强度最大；与地面夹角约54°时，折射而出的紫光强度最大。因此，在地面的我们看到了霓。由于红光偏折后的仰角较低，霓的色彩排列为内红外紫，与虹恰好相反。霓出现的仰角比虹稍高，且由于阳光在水珠内多经过一次反射，光能量损失更多，故色彩强度比虹弱，颜色比虹淡，因此我们常称霓为"次虹"。

读到这里，各位应该就知道，形成彩虹的要素就是阳光和水珠。同时，能否看到彩虹，与水珠量和太阳的仰角有关，也与我们观察者所在的地点有关。杜甫有诗云："会当凌绝顶，一览众山小。"同样，若观察者站在高处，看到的彩虹会更广、更长。例如在飞机上，居高临下，就有机会看到全圆的彩虹。

读者也可以想一个问题：如果全福建同时下雨，接着也同时雨停，太阳露脸了，此时，福州天空出现一道彩虹，厦门天空也出现一道彩虹。那么，你在福州看到的这道彩虹，跟在厦门的朋友看到的彩虹是同一道吗？

👁 千载难逢的 9 小时彩虹

至于在祖国宝岛台湾上空出现延续9小时的彩虹，这可说是上天送的礼物，究竟它是怎么形成的呢？除了天气条件的配合外，与季节、地理位置的关系也很大，所以说是天时、地利、人和，三者缺一不可。"天时"是指当天天气合适，东北季风带来水汽，上坡后因地形抬升，水汽凝结成水珠，加上太阳的仰角较低，形成彩虹必需的阳光和水珠一应俱全，尤其中午过后太阳的仰角逐渐下降，彩虹的仰角缓慢上升；"地利"，则是指在阳明山文化大学观察彩虹，视野非常好，很适合观测低仰角的彩虹；"人和"是指这道彩虹出现时，阳明山文化大学的师生全力持续捕捉与拍摄虹霓姐妹的倩影，记录相关的科学资料，于是有了这则千载难逢的9小时彩虹纪录！

阳光通过大气中的水珠时，会分散成红、橙、黄、绿、青、蓝、紫等色彩。

关于色散与彩虹的进阶说明

色散是指太阳光通过三棱镜时,分散成红、橙、黄、绿、青、蓝、紫等色。由色散现象可知,白光是由这些色光组成的。不同频率的光,对三棱镜而言具有不同的折射率,光的频率越低,折射率越小,各色光在三棱镜内传播速率不同,经过三棱镜后的折射角度也不同。

有人问:未射入三棱镜的阳光,人的肉眼可感觉到的可见光如红、橙、黄、绿、青、蓝、紫光,在空气或真空中光速都相同,为何进入三棱镜后光速就不同了,并且会产生不同的折射程度?其中一个原因可能是与棱镜碰撞时,各色光的波长不同、能量不同,因此各色光在棱镜内碰撞时损失的能量不同,造成偏折程度不同。

一单色光射入三棱镜时,经过棱镜两折射面折射后的光线,其射出方向与原入射方向之间偏差的角度,称为偏向角。偏向角与三棱镜的顶角及棱镜的折射率有关,三棱镜的折射率越大,偏向角越大。

天边的彩虹,其光线就是太阳光经过水珠的折射、反射再折射后形成的自然现象。阳光进入水滴后,根据入射点的位置,折射后的偏向角不同,例如:红光在最小偏向角——138°时最亮,这个最小偏向角的亮带,经过反射及二次折射后,与入射阳光之间夹角大约是42°,所以我们会在与入射阳光之间夹角大约42°的方向看到较强的红光;同理,在与入射阳光之间夹角大约40°的方向可看到紫光。这个路径并不是各色光的唯一路径,但却是最集中的路径。

07 海市蜃楼是虚幻还是真实?

时事话题

NEWS | 学生问我:"语文老师让我们请教您,海市蜃楼的物理成因是什么。因为语文老师想让我们在写作时也融入一些科学元素。""老师,为什么马路上远看好像有一摊积水,近看却没有呢?""电视新闻曾报道,广东的民众看到海面上有高楼,但专家解释这是海市蜃楼现象。什么是海市蜃楼?"

海市蜃楼,是一个成语,简单说是指虚幻不真实的现象。唐代诗人李白的诗《渡荆门送别》写道:"渡远荆门外,来从楚国游。山随平野尽,江入大荒流。月下飞天镜,云生结海楼。仍怜故乡水,万里送行舟。"诗中的"月下飞天镜,云生结海楼",用浅白一点的话来说,就是"一轮皎洁明月,在天空移转,如一面在空中飞行的明镜,云层与城廓结合,幻化成海市蜃楼"。李白能写出空气中若隐若现的海市蜃楼幻景,可见,古今皆有大自然光学里海市蜃楼的有趣现象。

海市蜃楼现象

炎热的天气,我们常看见柏油路面上的假积水或倒影现象,究竟要用什么物理原理来解释?2006年,台湾嘉义女中的师生以令人敬佩的科学态度,发表一篇有关"柏油路面上倒影的成因"的文章，提出"**柏油路面上的假积水现象及倒影的主要成因，是柏油路面的单向反射，而非空气的折射与全反射**"。他们实验发现，地面与上层空气的温差，并非柏油路面上假积水现象及倒影出现的必要条件，假积水现象及倒影的出现反而跟入射光的角度、路面的平坦程度及路面的性质有关。

柏油路面上的假积水现象与倒影。

前面引述李白诗中的"云生结海楼"一句，可能与广东的民众看到海面上的高楼影像的现象类似，都是海市蜃楼，而这些现象的成因，会不会跟"柏油路面上倒影的成因"中提出的接触面单向反射有关呢？这值得进一步探讨。

我们先从物理学的几何光学——光的折射与反射说起。

光的折射和反射现象，是许多人学过的几何光学名词，也是人类很早就知道的物理现象。海面上之所以出现高楼影像，是光在湿度和密度不均匀的空气中传播而产生的物理现象，这有科学根据。

若气压一定，空气密度会随温度升高而减小，对光的折射程度也随之减小。大气由一层层折射率不同的介质密接组成，夏天时海面上的空气温度比空中低，远处的山峰、楼阁反射的光线射向空中时，由于下层空气的折射率比上层的大，光线不断被折射，越来越偏离法线方向；进入温度较高的一层，入射角不断增大，当光线的入射角增大到某一角度时，光线在交界面全部反射，不会出现穿透界面而偏折射入的现象，这时观察的人就会看到远方如梦似幻的景物悬挂在空中了。

光线遇到不同物理特性，如密度不同的两层物质时，在接触的交界面有一部分光线会反射回原来的物质中，另一部分光线会穿透接触面而改变行进方向，偏折射入另一物质中，这是折射。折射的方向与原来入射的方向不同。光线在两种不同物理特性的物质中的偏折程度可用折射率表示。光在折射率相差较大的两种物质中行进时，偏向角较大。

如下图所示，当光线遇到不同的物质种类或物理状态时，光线会偏折。光线从温度较高的暖空气，进入温度较低的冷空气时，由于冷空气和暖空气的密度不同，因此光线的偏折程度也不同。我们以为偏折后光线延长线的交集处才是真正的物体，其实不然，那只是真实物体的虚像而已。看到的虚像却被认为是真正的物体，这是人眼视觉的错觉！

海市蜃楼是人眼视觉的错觉。

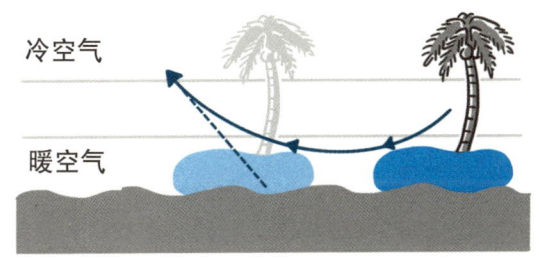

综上所述，海市蜃楼是光线在不同物质中传播时造成的虚像，它既是梦幻，也是诗人情意的寄托。我们在欣赏许多古诗词的优美文句时，偶尔会看到诗人相关的描写，这种富含情意又隐含物理学的诗句，是不是很有趣呢？

关于折射的进阶说明

光从一种物质进入另一种不同的物质时，行进方向改变的现象称为折射。光从光速较快的物质射入光速较慢的物质时，例如光从空气中斜向射入水中时，其折射线偏向法线，入射角大于折射角。当光从光速较慢的物质进入光速较快的介质时，例如光从水中射入空气中时，折射出的光线偏离法线，即入射角小于折射角。

光在折射时遵循折射定律：入射光线、折射光线和法线均在同一平面上，且入射光线和折射光线分别在法线的两侧。入射角和折射角的正弦比值为一定值。

入射角和折射角的正弦比值为一定值，这是由斯涅耳（Snell Willebrord）发现的，称为折射定律。若光从真空中传播进入某物质时，则定义入射角和折射角的正弦比值为该物质的折射率。折射率的大小代表光的偏折程度。依据物理学定义，真空的折射率为1，空气的折射率非常接近1。

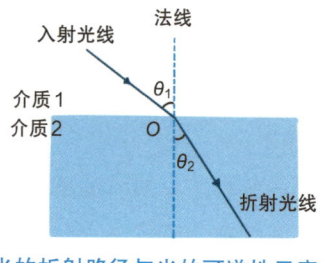 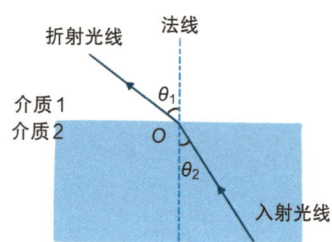

图为光的折射路径与光的可逆性示意

（左）光由介质 1 进入介质 2 时入射角为 θ_1，折射角为 θ_2。

（右）光由介质 2 进入介质 1 时，若入射角为 θ_2，则折射角必等于 θ_1。光具有可逆性，光会循原路径反方向行进。

声波与光学

08 飞机如何安全着陆？

时事话题

NEWS | 2020年7月初，媒体报道了某航空A330机型客机，在松山机场降落时飞控系统全失效的事件，这个罕见案例引起航空界高度关注。新闻指出，该客机降落时，主轮已触地，但飞控系统却失效，自动刹车及反推力器未发挥功能，导致减速异常。幸好，飞行员应变快，紧急采取手动制动方式，处置得宜，最后客机停在距离跑道末端近10米处，未酿成严重的撞击事故。

此案例后续引起讨论，一位专业飞行员认为，幸好当天乘客仅80人，万一客机满载，结果可能"死定了"，并提出善意提醒，飞控系统失效原因未查明前，客机最好不要降落在松山机场，理由是松山机场跑道太短，没有可供应变的多余跑道。本节就来为各位说明与飞机降落相关的物理学知识。

飞机如何对准跑道安全着陆？

假设飞机抵达目的地时，遇到雾霾天气，如何对准跑道安全着陆呢？空中乘务员在飞机准备降落时，一再提醒乘客关闭手机等电子通信设备，究竟是为什么？电子通信设备发出的电磁波，真的会干扰飞机与塔台之间的导航设备工作吗？

目前应用很广泛的飞机精密进场和降落导引系统，是俗称"盲降系统"的仪表着陆系统（instrument landing system，ILS），此系统主要有2个子系统，一个为航向台，位于跑道末端，由2个或以上的天线组成，提供水平引导；另一个是下滑台，负责垂直引导。

为了能详细说明飞机如何对准跑道安全着陆，需要先介绍光学的**双缝干涉**现象。当两个波相遇时，它们各自的振动位移彼此可线性相加，满足叠加原理（superposition principle）。当两波相遇时，干涉波的振幅变大，比原始波的振幅还大，称为相长干涉（constructive interference）现象；相反的，当两波相遇时，干涉波的振幅变小，比原始波的振幅还小，称为相消干涉（destructive interference）现象。

同样，光也有干涉现象，但光的波长在400～700纳米，比声波的波长短很多，因此，光的干涉现象不容易观察到。1801年，托马斯·杨设计出双缝实验的装置，观测到**光的干涉产生了明暗相间的条纹**，证明光具有**波动性**。

我们生活中看到的彩色泡膜，并不是本身泡泡的颜色，而是不同色光彼此干涉（interference）的结果。干涉条件会随着泡膜的厚度、光源与观察者的位置而改变。另外，像彩色的油膜与蝴蝶的缤纷色彩，都是光干涉的结果。

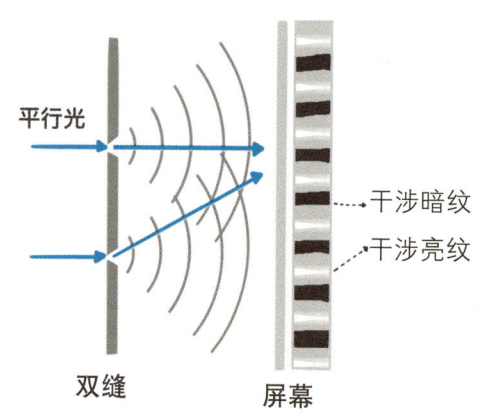

托马斯·杨在1801年完成的双缝干涉实验，可在屏幕看到光干涉的结果，证明光具有波动性。

分析如何形成干涉条纹前，必须强调同调性的重要。为简化说明，以水波同相波源为例。水波干涉时，两同相波源会同时产生波峰或波谷。由于光波波前同时到达两个狭缝处，因此会同时产生波峰或是波谷。由惠更斯原理可知，双缝可视为两个同相的点光源，能够产生稳定的干涉图案。

除了同相光源外，只要是同调光源，就能产生干涉图案。日常可见的激光笔，其光源就是很好的同调光源。托马斯·杨身在没有激光的时代，是如何找到同调光源做实验的呢？他巧妙地让光先通过单缝后，再摆上双缝，就可以做光的干涉实验了。通过双缝的光，来自单缝造就的同一光源，是很好的同调光源，所以能产生稳定的干涉图案。

讨论光的双缝干涉实验，得先定性说明，再定量分析。假设通过双缝的光源同相，光自狭缝到屏幕上某一点的距离，是光走过的路程，也称为光程；而两狭缝光程的差值，即为光程差。由于两光源抵达屏幕上各点的光程差不同，因而产生亮暗相间的干涉条纹。当光程差恰好为波长的整数倍时，两狭缝发出的光做相长干涉，产生亮纹；当光程差是半波长的奇数倍时，则做相消干涉而出现暗纹。

在我们了解双缝干涉的概念后，再来解释飞机如何安全降落会比较容易理解。

以两天线的组合而言，如同物理光学的双缝，会发射出单一频率且相同相位的电磁波。中央主轴线位置的光程差为零，是完全相长干涉的亮带，飞机收到的信号强度最强，两边则为第一暗纹，暗纹为相消干涉，光程差为半个波长，信号强度弱。

因此，**当飞机对准跑道时，飞机仪表上显示的信号最强；若偏离跑道，飞机接收的信号会明显减弱**，飞行员就需要调整方向来对准跑道。

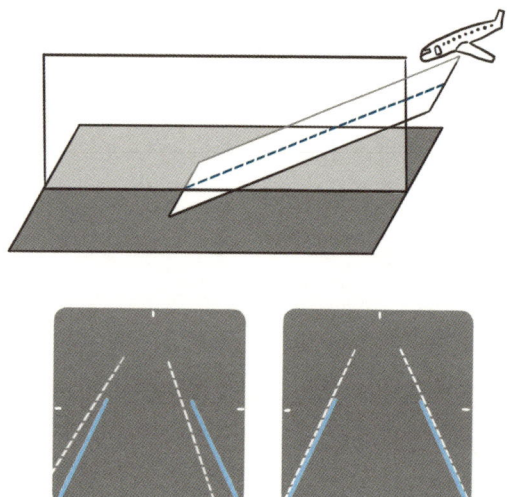

当飞机对准跑道时,飞机仪表上显示的信号最强;当偏离跑道时,飞机上接收的信号会明显减弱,飞行员就知道要调整方向了。

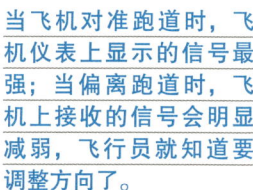

　　手机等电子通信设备发出的电磁波,会干扰航空通信,影响飞行安全,旅客一定要遵守规定,千万不可忽视。

　　前述新闻提及,一位专业飞行员认为幸好当时客机载客量较少,因此能安全停止,万一客机满载,结果可能"死定了"。这话是否有科学根据呢?

　　以牛顿运动定律来看,欲使运动中的物体停下来,必须对此物体施外力,才能阻止它继续运动。物体的质量越大,速度越快,施加的外力须越大,才能让它停止。换句话说,被质量很大、速度很快的物体撞到,伤害可能相对严重。

　　因此,若同一架飞机着陆时的移动速度固定,要使飞机停下来,则满载时的质量越大,需要的摩擦力越大,这是满载近300人的客机着陆时停下来的难度比仅载80人时大的原因。

　　然而,飞机是否会冲出跑道,影响因素很多,如轮胎状况、跑道有无积水、制动系统制动力和跑道长度等,这些都与飞机着陆的安全有关。

双缝干涉实验的进阶说明

分析双缝干涉实验时，可忽略狭缝本身的宽度。由惠更斯原理可知，光通过双缝后的干涉，可视为两个点光源的干涉。但在分析单缝衍射时，狭缝的宽度不可忽略。由惠更斯原理可知，光通过单缝的衍射，可视为无限多个点光源的干涉结果。

当狭缝中央正对光屏的点时，所有子光源近似平行入射且几乎同时到达该点，彼此间没有光程差，因此，在该点所有来自子光源的光完全相长干涉，此点就是中央亮纹的中心位置。

日常生活中哪些是衍射现象呢？例如我们拿着百元钞票，从不同角度看，百元钞票上的油墨会变色。人们在不同角度看到不同的颜色，其实就是出现了光的衍射现象。

在分析单缝衍射现象时，狭缝的宽度不可忽略。

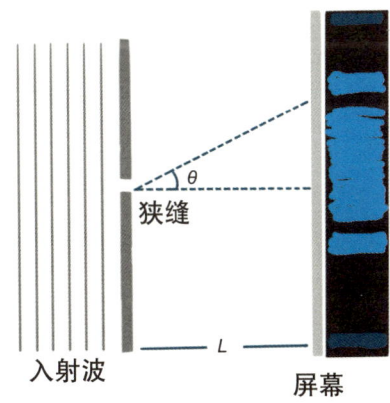

第三章
热与电磁学

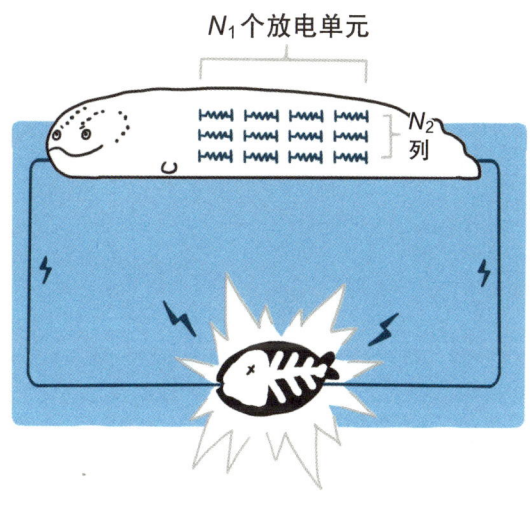

公交卡内没有电池，又不需插入读卡机，为何还能感应呢？新冠肺炎疫情防控期间，处处可见的红外热成像仪或额温枪，是怎么测量体温的？本章以电磁学与热学为主题，向各位介绍日常生活中与我们相关的例子！

01 追踪癌细胞的正电子发射断层扫描仪

时事话题

NEWS | 课堂上，笔者曾对学生提到夸克和电子是组成物质的基本粒子，并且补充说，有些基本粒子还有失散多年的孪生兄弟"反粒子"。例如，有一种质量与电子相同，带有相同电荷量、电性却相反的反电子（antielectron），我们称它是正电子（positron）。

学生立即提问："老师，那医院里的正电子发射断层扫描仪，跟您提到的正电子有关吗？"是的，正电子发射断层扫描仪的基本原理是，先给病患注入正电子追踪剂，追踪剂会集中跑到代谢功能异常的特定细胞内，再由正电子发射断层扫描仪造影得到影像。目前应用最广泛的癌症检查仪器中，最常使用的正电子追踪剂为正电子标记的脱氧葡萄糖，葡萄糖是人体内大部分细胞代谢时的原料，所以正电子标记的脱氧葡萄糖会被人体正常的细胞吸收。

"电子"与"反电子"

说明医院的正电子发射断层扫描仪（positron emission tomography，简称PET）之前，先简单聊聊电子和电子的历史。

电子的发现，我们应该要感谢19世纪末英国物理学家汤姆森（Joseph John Thomson）。当时他一直非常系统地研究阴极射线（cathode ray），最后确定阴极射线是一种带负电的粒子流，也就是后来所称的电子（electron）。汤姆森不仅发现了电子，还发现电子的电荷量和质量的比值为一定值，也就是荷质比是一个常数。不管哪种原子，都含有同样性质的电子，且其荷质比都相同。

1912 年，美国物理学家密立根（Robert Andrews Millikan）则通过精巧的油滴实验，计算出一个电子所带的电量，也就是基本电荷（elementary charge）。密立根测出电子的电量后，再依据汤姆森的阴极射线管实验的荷质比结果，进一步推得电子的质量。至此，构成物质的基本粒子——电子，其电性、电量和质量终于全部揭晓了。

电子的简史如上所述，那电荷性质与电子相反的粒子是如何发现的呢？1928 年，英国物理学家狄拉克（Paul Adrien Maurice Dirac）提出了反粒子的概念，说明宇宙存在一种**质量与电子相同，但电性相反的反电子，也就是正电子**。狄拉克提出反电子概念后，1932 年，物理学家安德森（David Anderson）在宇宙射线中发现了反电子，证实了狄拉克的论点。

也许你会说："生活中极少见到反粒子组成的反物质吧？"确实如此，因为物质与反物质一旦相遇，两者将湮灭幻化成光子，形成能量。正电子的发现，乍看之下，好像对生活没什么影响，不过事实上，正电子在医疗诊断上发挥了重要作用。

👁 正电子是检测癌细胞的关键

我们的身体是依靠饮食来吸收营养和能量，以维持生理机能的运作，但有些异常增生的细胞，却会掠夺身体吸收的能量，伤害正常的细胞，这些异常细胞就是大家耳熟能详且闻之色变的癌细胞。

如果医生能通过仪器及早发现癌细胞，就能尽早铲除它们，造福患者。正电子发射断层扫描仪就是检验癌细胞的核医学仪器，它**利用正电子准确侦测和标定癌细胞后，让癌细胞无所遁形**，可说是基础科学研究成果应用在医学检验上的典型范例。

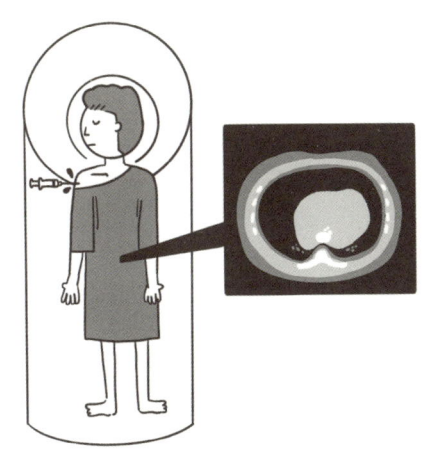

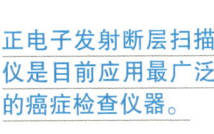
正电子发射断层扫描仪是目前应用最广泛的癌症检查仪器。

关于正电子发射断层扫描仪，也可以再说得更详细些。由于癌细胞异常增生需要吸收大量的葡萄糖，于是医学研究以氟来取代葡萄糖分子中的氧，形成氟代脱氧葡萄糖，然后注射入受检患者体内，等待身体吸收。

对癌细胞而言，氟代脱氧葡萄糖与正常的葡萄糖分子并无二致，因此，癌细胞会吸收具有放射性的同位素氟-18（也就是原子序数为9、相对质量为18的氟），此同位素氟-18会衰变为氧-18，半衰期约2小时，衰变时会放射出一个正电子，这个正电子遇到电子发生相互作用后，会产生光信号并被仪器侦测到，如此一来，检验师就能标定大量吸收氟代脱氧葡萄糖的异常增生的癌细胞了。这就是正电子发射断层扫描仪的物理学原理。

读者或许会问："怎样才能产生正电子呢？"用回旋加速器可以产生正电子，但回旋加速器所费不赀，加上放射性元素不易取得，因此正电子发射断层扫描费用不低。

也许读者还会疑惑："既然有放射性和半衰期问题，正电子发射断层扫描检查是否有辐射的风险？""网络传言，正电子发射断层扫描辐射剂量跟原子弹辐射威力相当，真的吗？"正电子发射断层扫描确实涉及放射性元素衰变，让人暴露于辐射风险中，因此，是否需要用正电子发射断层扫描仪检验癌细胞，是需要医生专业评估的。至于正电子发射断层扫描的辐射剂量，大约是7毫希，其实剂量很小，不能与原子弹爆炸后的高辐射剂量相比，所以该网络传言没有科学根据。

"道听而途说，德之弃也。"这是孔子善意的提醒，他认为"传播马路新闻"相当不可取，听到传闻，不三思就到处散布，正是背离修养德性的行为。孔子这句话至今仍适用。有关电磁波或辐射的危害，常见以讹传讹，造成无谓的恐慌。

正电子发射断层扫描仪工作原理的进阶说明

如前文所说,做正电子发射断层扫描时,会使用具有放射性的显影剂,如氟代脱氧葡萄糖,恶性肿瘤因为异常增生,需要吸收大量的葡萄糖,但癌细胞分辨不出氟代脱氧葡萄糖和一般葡萄糖有什么差异,因此会照单全收。

其中,放射性同位素 $^{18}_{9}F$ 会衰变成 $^{18}_{8}O$,并放出一个带单位正电荷的正电子 e^+ 和一个中微子 v_e,方程式为:$^{18}_{9}F \rightarrow ^{18}_{8}O + e^+ + v_e$。

通过可侦测正电子与电子相互作用的仪器——正电子发射断层扫描仪,即可标定大量吸收氟代脱氧葡萄糖异常增生的恶性肿瘤细胞。

02 医院的磁共振成像究竟是什么？

时事话题

NEWS | 2020年5月，新闻报道某大医院再次引进了升级版的磁共振成像（MRI）设备，并表示新机型有更先进的成像技术，能给医生提供更可靠的诊断结果。机体也经过优化设计，壮硕体型的受检者也能轻松接受检查！

在学校的选修课中，笔者曾与学生讨论物理原理在医学检验的应用，例如前一节提到的正电子发射断层扫描仪，以及上述新闻提到的磁共振成像技术。本节就来聊聊磁共振成像！

磁共振成像的原理

磁共振成像（magnetic resonance imaging，简称MRI）的原理是：在强磁场中，人体水分子中的氢原子与仪器发射的低频率电磁波发生共振，进而使氢原子重新排列，发生从高能态到低能态的能级跃迁，辐射出某种频率的电磁波，然后经过数学转换和计算机处理形成图谱影像。

磁共振成像是医学检验和诊断的好帮手，可以得到高分辨率的影像，是大型医院的医疗必备设备之一。磁共振成像这个名词，不仅是医学检验里很"夯"的名词，甚至也曾出现在电视剧《麻醉风暴》的情节和台词中。其原理是应用<u>核磁共振</u>（nuclear magnetic resonance，NMR）现象，也就是人体内的氢原子核在强大磁场中，会根据磁场的强弱，采用与之相对应的频率在磁场中稳定旋转，好像地球绕着自转轴进动旋转一般；然后氢原子核会吸收与这个频率相同的射频（RF）无线电波的能量，（即共振），增强自己的能量。一旦射频停止释放无线电波，氢原子核将恢复到原先的能量大小，于是便会放射出电磁波，经过仪器侦测后，转换成图谱，提供医生解读全脊椎或全脑的影像等。

磁共振成像的影像强弱，与我们身体内的水分子多寡有关。水分子多的地方，氢原子数目较多，相当于身体内自行旋转的小磁铁较多，受到核磁共振仪的大磁铁影响较明显，因此产生共振现象较显著，影像也较清楚。

医院里的磁共振成像，一般体积较大，其大磁铁是应用电流磁效应概念设计而成的，采用超导体材料螺旋排列，这块磁铁如同隧道，内部可产生高强度且均匀的磁场，磁场强度为 0.2~7.0 特斯拉（T）。由于磁场强度很大，因此受检者进入磁共振成像设备之前，必须卸下金属磁性物质，例如项链、手表等，氧气钢瓶更不能放在磁共振成像设备旁边，以免被强力磁场吸附，在印度、韩国就曾发生过氧气钢瓶被磁场吸附而撞伤或夹死病患的悲剧。

相对于其他扫描方法，磁共振成像的危险性相对较低，不像照X射线会担心导致癌症，或正电子发射断层扫描仪得注射放射性试剂。不过，由于磁共振成像机器内会施加强大磁场，因此病人若装有调节心跳的节律器，或身体内有磁性金属，或患有幽闭恐惧症等，就不适合接受磁共振成像检查。

核磁共振是诺贝尔奖中获奖最多次的科学研究主题之一，包含物理、化学和生理医学奖等4次获奖纪录。例如，1952年的诺贝尔物理学奖颁发给发现核磁共振现象的物理学家布洛赫（Felix Bloch）与波赛尔（Edward Mills Purcell）。他们发现，只要原子核里有不成对的质子或中子，则在磁场强度与无线电波频率之间便有相对应的数学关系。2002年的诺贝尔化学奖，则颁给运用核磁共振技术解析溶液内蛋白质三维结构的科学家维特里希（Kurt Wuthrich）。2003年诺贝尔生理医学奖，颁给发展出磁共振成像技术的物理学家曼斯菲（Peter Mansfield）和化学家罗特博（Paul C.Lauterbur）。

　　磁共振成像技术是一门结合量子物理、医学、数学、电子学和计算机科学等诸多学科的综合性技术，其数据样本庞大，理论深奥，设备昂贵，结构复杂。然而，由于不需有仪器侵入体内，也就是不具侵入性，现已是应用广泛的诊断与医疗追踪检验仪器，对于检测脊椎、心脏、血管和大脑的相关病症，可发挥相当大的辅助功能。

磁共振成像技术是一门结合量子物理、医学、数学、电子学和计算机科学等诸多学科的综合性技术。

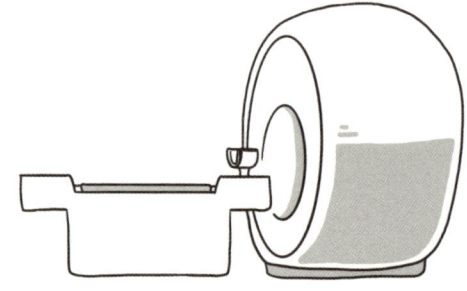

热与电磁学 | 87

磁共振成像原理的进阶说明

　　原子核具有自旋角动量，当原子核被施以外加磁场，方向与磁力矩方向不同时，原子核原本的磁力矩会绕着磁场方向摆动旋转，就像陀螺在旋转过程中会倾斜旋转摆动一样。这个现象以专有名词"进动"（precession）描述，而进动具有能量，也有一定的频率，在固定强度的外加磁场中，这个频率固定不变。

　　磁共振成像采用调节频率的方法达到核磁共振的效果。由线圈向人体发射电磁波，调整射频振荡器使电磁波的频率在人体某部分氢原子的共振频率附近连续变化。当频率正好与核磁共振频率吻合时，射频振荡器的输出端（示波器）就会出现吸收峰，同时由频率计读出此时的共振频率值。

　　磁共振成像仪是专门用于观测核磁共振的仪器，主要由螺线管大磁铁、探头和谱仪3部分组成。螺线管大磁铁的功能是产生一个恒定均匀的磁场；探头置于磁场磁极之间，用于探测核磁共振信号；谱仪是将共振信号放大处理，以及显示与记录结果。

　　磁共振成像仪是一台体积巨大的圆筒隧道形状的机器，能在受检者的周围产生强大的磁场，通过电磁波的脉冲撞击身体细胞中的氢原子核，改变身体内氢原子的排列，当氢原子再次回到原来的位置时，会因能级跃迁而发出电信号，此信号被计算机接收，经过分析转换，处理成影像。

　　补充解释一下螺线管内部是怎样产生磁场的。

　　螺线管是将很长的导线用螺旋方式卷绕而成的管状体，当有电流通过螺线管的线圈时，可以使管内形成均匀磁场区域。线圈绕得越紧密，则管内磁场越强。理论上，无限长螺线管内的磁场是均匀的。

　　港口常用电磁铁起重机搬运重物，其原理也是运用电流的磁效应。听音乐用的耳机之所以会发出声音，也是运用了电流的磁效应原理：在耳机的永久磁铁旁，线圈通电后会受力而振动，进而带动振膜，推动空气发出震动的声波。

　　顺便也解释一下什么是跃迁（transition）。这是物理学家波尔提出的氢原子模型中的理论概念。当电子自一稳定态的高能级状态，跃迁至低能级的状态时，损失的能量会以辐射的形式释放出来，呈现特定波长的清晰谱线。进一步说明，当电子自一定态的能级跃迁至另一定态的能级时，过程中将会发射或吸收一个光子，且光子能量由原子能量的差值决定。应用跃迁的概念，可设计与发明科技产品，例如激光、半导体产品等。

热与电磁学

03 公交卡的设计原理

时事话题

NEWS | 在课堂介绍电磁波概念时，有位同学举手提问笔者："老师，刷公交卡进地铁站非常方便，公交卡的原理和电磁波有关吗？"另一位同学回答："应该是公交卡会发出电磁波，传递信息到门闸的感应器吧？"

然而，公交卡内并无电池，也不需要插入读卡机，为何能够传递信息呢？

为什么没装电池的公交卡可以产生电流？

公交卡系统主要是应用**法拉第电磁感应定律**来辨识与传递信息，此与无接触感应技术有关，该技术称为射频识别（radio frequency identification，RFID）。完整的一套射频识别系统，是由卡片阅读机、电子标签和应用程序数据库计算机系统3部分组成的。先由读卡机发射一特定频率的无线电波能量给电子标签，用以驱动电子标签的内建电路，输送内部的身份代码，以开启沟通之路。

若以法拉第电磁感应定律解释，读卡机产生变动磁场，同步提供电子标签变动磁场，驱动电子标签产生感应电流，也就是让公交卡内部的回路产生感应电流，并让电子标签发送身份代码信息给读卡机，驱动内部芯片发送信号，读卡机依序接收信息、解读身份代码,再通过应用程序数据库、计算机系统读取公交卡内的芯片资料,完整达成沟通与解读任务。

每一张公交卡都有独立的电子标签。当卡片靠近公交卡标志的磁场感应范围内,即可通过电磁感应的原理,驱使电子标签内的线圈产生感应电流,此电流供应电子标签传送信息至读卡机,以解读芯片资料。

或许读者会好奇,没有电池的公交卡是怎么产生电流的呢?这个问题也需要以法拉第电磁感应定律说明。

依法拉第电磁感应定律,公交卡的线圈回路会因为磁场强弱的

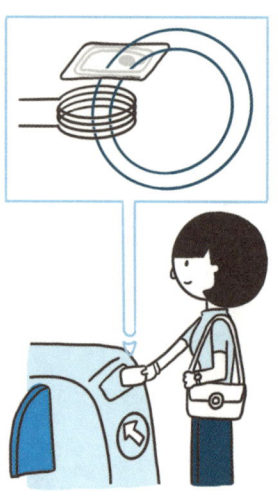

公交卡内部回路和读卡机、变动磁场的示意图。

变化,或通过线圈回路的截面积的变化而产生类似电池驱动电流功能的感应电动势。此感应电动势的大小与线圈匝数及每匝线圈中磁场随时间的变化率有关。匝数越多,磁场变化率越大,公交卡回路中的感应电动势越大,产生的感应电流就越大。因此,公交卡虽然没有电池,但可以借助射频识别系统产生感应电流,此感应电流让卡片内的芯片发出电磁波,回传必要的信息给读卡机,完成感应过闸的工作流程。

以常见的公交卡来说,采用的是射频识别系统模式,属于比较低频率的电磁波,卡片必须距离读卡机14厘米内,才能读取卡片的芯片资料。因此,若将公交卡装在比较厚的皮夹或两张磁卡叠在一起,可能无法第一时间完成读卡,而形成卡片无法正常读取的现象。

其他如进出家门的感应磁扣、停车场的票卡、信用卡、高速收费系统(ETC)等,皆是应用射频识别技术,只不过高速收费系统(ETC)的感应器的感应距离约为8米,在8米内才能顺利读取通过车辆的相关信息。

手机支付的物理学原理

　　手机支付的运作原理也是基于射频识别技术发展而出的近场通信（near field communication，简称NFC）技术。目前近场通信技术采用频率为13.56兆赫兹的电磁波，以106千比特每秒、212千比特每秒、424千比特每秒或848千比特每秒这4种速率传输资料，比特也是二进制数字中的位，是计算机数据的最小单位。

　　利用手机NFC支付时，须距离刷卡机4厘米内，此时可通过电磁波传递相关信息，完成付款手续。近场通信技术不仅可用在手机支付，也可用于传输文字、照片、音乐文件等。

电磁感应的进阶说明

电动势（electromotive force，简称 EMF）是电池正负极间的电位差，也常称为电压，其国际单位制（SI）单位为伏特（V）。它可以驱动导体内的电荷移动，产生电流。电池可在正负极产生固定的电压。

导体内的电流与电压成正比，假设导线的电阻及电池的内电阻都可忽略不计，那么电路中流动的电流等于电压与电阻相除后的数值。由此可知，电池的电动势，可以驱动回路上的电流，让灯泡发光发热。

然而，一个未接电源的回路导线圈，可不可以产生电流呢？也可以。通过回路导线圈的磁场发生变化或磁通量发生改变，可产生感应电流，这是发电机的工作原理。

电磁炉也是运用电磁感应的原理。电磁炉内部主要是由绝缘体包覆的导线环绕的线圈，当交流电通过线圈时，电磁炉表面就会产生随时间改变的磁场，这个磁场的变化会同时在锅底面产生感应电流，再通过电流热效应加热锅，由此加热食物。

04 在水中善用高压电的电鳗

时事话题

NEWS |《科学人》杂志有篇文章名为《水中的雷霆》,探讨水中的电鳗是如何用高压电来攻击猎物的,非常有趣。电鳗可以用电来感觉、攻击和防御等。本节我们深入了解电鳗为何能发出电流,它施放电击的机制,以及被它电到的猎物的反应。

👁 电鳗是怎么发电的?

电鳗体内组织会产生高电压以驱动电荷的流动,形成电流,电流流过猎物的身体后就会产生电击作用。什么是电流?物理学上电流的定义是指单位时间内通过某截面的电荷净转移量。安培是电流常用的单位,也是国际单位制的基本单位。

通俗地说,电流是非常小,却多到数不清的电子在流动。科学家曾利用高速摄影机,拍下电鳗用高压电攻击猎物的过程。作为猎物的鱼,在被电鳗击中不到1秒就静止不动了,漂浮在水中。而当电鳗停止放电时,鱼又立即恢复运动状态,由此可见电鳗的电击作用时间其实很短暂。

电鳗电击猎物的方式,就好比执法人员用电击枪制伏想要脱逃的歹徒一样:电击枪经由线路每秒发出19次高压电的电脉冲,能干扰歹徒神经系统对肌肉的控制能力，造成神经肌肉的暂时失能。实验发现，电鳗施放高电压、低电流的电脉冲时，每秒可连续发射近400次，放电能力最高可达600伏特，且不是作用在猎物的肌肉上，而是作用在连接肌肉的运动神经上。电鳗简直就是在水中游动的进阶版电击枪，身上组织就是电击枪！

前面提到高压放电能力的单位是伏特，这是常用的电压或电位差单位，物理的电学经常提到导线的"欧姆定律"，如果一条金属导线两端的电压是1伏特，流过的电流是1安培，那么电压与电流相除，得到此导线的电阻为1欧姆。

回到电鳗。科学家认为，原生于南美洲的电鳗同科其他物种会放出微弱电信号，侦测周围环境，彼此沟通。电鳗在演化过程中，强化了放电能力，电鳗的发电器官可以长成和身体一样长，超过2米，最高发电电压可达600伏特。如此惊人的发电器官，是由许多特别的发电细胞组成的。这些细胞相当于人类使用的电池，必要时通过高压电释放高电能。

电鳗攻击猎物时，由运动神经来控制发电，运动神经又由神经元控制。 电鳗每次放出高压电脉冲，都是由神经元发号施令，经过运动神经元，将高压电信号传导至附近的鱼，干扰附近鱼的运动神经元，进而影响它们的肌肉控制能力。通过高效能的发电能力，电鳗得以远距离控制猎物，让猎物全身痉挛而无法动弹。从实验结果来看，电鳗释放高压电脉冲电击鱼后约3毫秒，也就是3/1000秒后，鱼即静止不动。人类借鉴电鳗的发电机制，发明了电击枪。

电鳗的电学

知名的英国物理学家法拉第研究过电鳗,有助于我们理解电鳗的发电机制。

电鳗发出电流,电流是电荷的流动,电荷建立电场,形成法拉第提出的假想线——电力线。电力线从电鳗头部的正极出发,至位于尾部的负极。电力线的密度代表电场的强弱。正负极附近的电场最强,随着距离增加而减弱。

攻击时,电鳗会咬住猎物,然后卷起负极的尾巴靠近猎物,发出一连串的高压电强力轰击,以彻底制服猎物。

电鳗在水中掠食时的放电过程如下图,其中每一放电单元产生的电动势为 ε,其内电阻为 r,每一列串联线路各含有 N_1 个放电单元,全部共有 N_2 个线路并联在一起。电鳗放电组织与周围的水和猎物串联形成回路,周围的水和猎物的总电阻为 R,此电鳗可对总电阻产生最大电流 I。

电鳗攻击猎物时的放电过程。

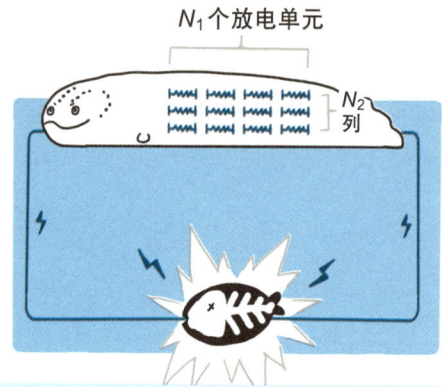

05 磁悬浮列车为何能浮起来？

时事话题

NEWS | 2015年，新闻曾报道日本东海旅客铁道株式会社在山梨县测试磁悬浮列车，创下时速603千米的惊人纪录，也创下最快的载人轨道列车的世界纪录，而且持续时间长达19秒！

超导体的发现

在探讨磁悬浮列车为什么能浮起来之前，先来认识一下关键的超导体。在正常状态下，物体具有电阻，电阻大小则视材料而定，例如同样粗细的银、铜、铁的电阻就不同，导电能力也不同。**当某些物体冷却至某一温度以下时，其电阻会完全消失，我们称物体这样的状态为超导态。**

当物体处于超导态时，若其内通上电流，则此电流可持续流动不停息，也不会衰减。这样的物体在某一温度下，就具有零电阻的特性，电子流动畅行无阻，这样的物体称为超级导电体，简称超导体。

超导现象是荷兰物理学家昂内斯（Heike Kamerlingh Onnes）在1911年发现的，他认为超导体具有零电阻和永久电流两大特性，应能发挥巨大功能。例如，可以应用在制作输送电力的电线，因无电阻，不至于产生热效应而耗损电能；也可以用于制作高效率的强力马达和发电机等。

然而，当时纯金属转变为超导体的转变温度非常低，必须使用昂贵且稀少的液态氦作为冷却剂，液态氦的沸点大约是 $-269°C$ 即绝对温度4K，经济效益极不理想。另外，在超导体内引发的临界电流有其上限，超过此上限，超导态立即消失，恢复成具有电阻的正常态。因此超导体应用研究初期，收效甚微。

1933年，德国物理学家迈斯纳发现超导体具有反磁性，亦即会排斥外加的磁场，例如置放在磁铁上方的超导体，因排斥作用而悬浮在空中。1950年后，物理学家发现，有些金属化合物的超导体转变温度较早期的纯金属超导体提高约 $10°C$，而且临界电流相当高，具有实用价值。这类超导金属化合物，目前已用于超强磁铁，例如知名的医疗用磁共振成像设备，就是应用超导磁铁，来检查身体内部组织的。又如我国上海、长沙等地应用超导体产生的超强磁力，制造新世纪大众高速运输交通工具——磁悬浮列车，它行驶时快速平稳、舒适安静。

物理学家在1986年后，又发现了新型的金属氧化物超导材料，大幅升高超导体的转变温度，甚至高达 $-148°C$，相当于绝对温度125K。物理学家相当重视这样的超导体，因为仅需使用沸点77K，且比液态氦廉价、供应无虞的液态氮作为冷却剂，就能使其进入超导态，有很高的实用价值。

磁悬浮列车能"浮"起来的原理

话题回到磁悬浮列车。前面新闻提到2015年日本的磁悬浮列车创下时速最快的纪录，磁悬浮列车应用超导磁铁的强力磁场，让列车浮起并行进。原理是什么呢？日本物理学家指出，线路上配置并列的线圈，当载有强力磁铁的列车靠近时，线圈会产生感应电流以阻止磁场进入，列车于是可以前行。列车搭载的磁铁具有越强的磁场，向上浮起列车的力量越大。使用超导磁铁的同时，也使用通交流电的线圈，如此就能消耗较少的能量。

要让磁悬浮列车载运旅客，不能只是浮起，还要向前进。因此，除了设置于地面的线圈通上电流，让列车浮起之外，还需要设置列车前、后方的线圈，用列车前方的线圈吸引列车的超导磁铁，又依赖列车后方的线圈产生推进力，前后线圈一吸一推，构成列车向前移动的合力，这样列车就能浮起且前进了。

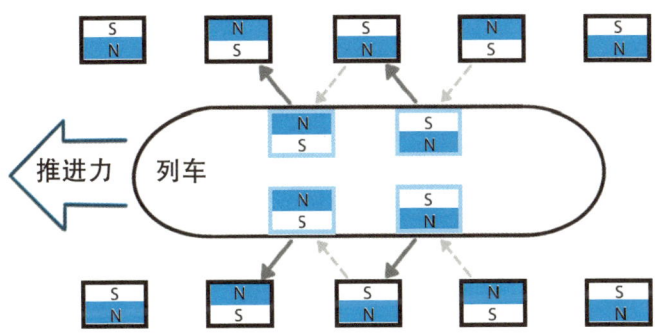

除了设置于地面上的线圈通上电流，让列车浮起之外，还需要设置列车前、后方的线圈，用列车前方的线圈吸引列车的超导磁铁，并依赖列车后方的线圈产生推进力，前后线圈一吸一推构成列车向前移动的合力，这样列车就能浮起且前进了。

日本配载超导磁铁的磁悬浮列车，浮在地面上大约10厘米，距离安置并列线圈的两侧轨道墙壁仅2厘米，有人担心："间隙这么小，高速行驶的列车不会擦撞墙壁吗？""万一发生强烈地震，会不会引起重大交通事故呢？"日本物理学家似乎听到了民众的顾虑，告诉民众不必杞人忧天，因为磁悬浮列车比一般火车的地震应变力还强，当发生某种因素造成磁悬浮列车靠近一侧墙壁时，列车与墙壁的感应线圈距离缩短，磁场排斥力立即增强，这样的排斥力会促使列车回复到中心位置，因此在高速行驶时，并不会产生与两侧墙壁擦撞的危险。

使用超导磁铁的磁悬浮列车，行驶时不仅无地面的摩擦力损耗，也能在低能耗情况下高速行驶。唯一要特别考虑的是，磁悬浮列车高速行驶时受到的空气阻力。一般而言，物体运动速率越快，受到的空气阻力越大。此阻力也与接触面积有关，时速近500千米的磁悬浮列车，空气阻力造成的能量消耗大，此时必须考虑列车的造型。若列车行驶时能呈管状，可降低空气阻力的影响，提高行驶速率，也减少能量损耗。

至于磁悬浮列车配备搭载的超导磁铁，一般会产生5特斯拉以上的强磁场。随着超导磁铁材料越来越先进，未来时速或许可以超过1000千米！

超导体的进阶说明

物理学家昂内斯于1911年意外发现汞（Hg）降温至4.2K后，出现接近零电阻的现象，这一发现开启了科学界对超导体性质的研究。1933年，迈斯纳（Walther Meissner）观测到超导体具有完全反磁性，这一现象称为迈斯纳效应（Meissner effect）。

物理学家从微观角度解释：超导体中，电子形成库珀配对（Cooper pairs），实现零超导现象。1986年，缪勒（Karl Müller）和柏诺兹（Johannes Bednorz）发现高温超导镧钡铜氧，此超导材料的电阻从35K起就开始下降，至约10K时便出现零电阻现象。

超导体的导电现象与一般导体不同，当超导体处在高于临界温度的环境时，其导电性质与一般导体或半导体相同，不过一旦环境温度降低至临界温度，原子内自旋相反的一组电子会形成特殊区域，使电子传递不再受影响。随着温度持续降低，电阻将骤降至零，这是超导体的零电阻现象（zero-resistance phenomenon）。

就理论而言，超导体的临界温度为一固定值，然而实验发现电阻骤降会发生在一温度区间，开始骤降的温度称为起始温度，降至零电阻的温度称为零电阻温度。两者之间的差值越小，表示材料的超导效果越好。

补充一下反磁性（diamagnetism）的概念。当物质处在外加磁场中时，电子会受力而改变运动状态，将产生与外加磁场相反方向的感应磁场，产生斥力。反磁性可以发生在任何物质，只是程度不同。对于具有其他磁性如顺磁性、铁磁性的物质而言，其反磁性可忽略不计；而对于只具有反磁性的物质，通常被认为是非磁性物质。超导体在一般状态下可转变为超导态，会产生反磁性，使其内部的磁通量趋近于零，这就是前述的迈斯纳效应。迈斯纳效应被当作判断物质是否存在超导态的依据之一。

06 半导体有什么特殊性质?

时事话题

NEWS 半导体与芯片（chip）是全球科技产业重要的议题，2022年2月俄乌冲突爆发，媒体报道的焦点之一就是战火对全球半导体产业的影响。

半导体有什么特殊性质，为什么如此重要？本节聊聊半导体。

什么是半导体？

半导体是导电能力介于金属导体和绝缘体之间的材料，通常由周期表第ⅣA族邻近的元素（常见的有硅、锗）或第ⅢA族和第ⅤA族元素组成的化合物（如砷化镓等）组成。硅与锗的半导体，晶体结构与钻石相同，每个原子以共价键和4个相邻的原子连在一起。由于没有多余可协助导电的价电子，所以纯半导体在绝对零度时几乎不导电。但如果温度升高，部分电子会因热能激发而游离，或渗入微量杂质改变半导体的内部结构，会大幅提升半导体的导电能力。利用这种掺杂（doping）的特殊性质，可将半导体设计成各类电子元件。

利用半导体材料，可制成二极管和晶体管。二极管具有把交流电改为直流电的整流作用；晶体管则具有放大交流电信号的作用。

二极管和晶体管的体积非常小，可使电子产品微型化。

👁 半导体简史

1947年，科学家巴顿、布拉顿及肖克利，用半导体做出晶体管，这是计算机里最主要的组件。自此，计算机告别了先前的真空管时代。

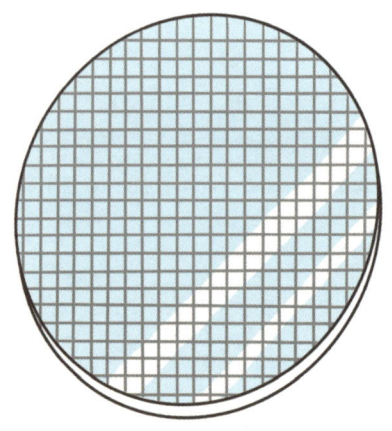

集成电路可大量生产，在大晶圆上的所有小芯片都是同时制出的，结构和性能完全相同。

1958年后，科学家继续革新电子电路的技术，在边长仅数毫米、薄如纸的芯片上，依照设计的电路，一层一层地叠上所需的晶体管、二极管等电子零件。芯片上蚀刻的宽度，可小于1微米。电子零件之间的接线，则是利用蒸镀技术，直接将金属导线镀在需要的位置。

利用蒸镀技术，一个芯片可以容纳上百万个晶体管，并且晶体管可大量生产，从而降低了晶体管成本。一块大面积的晶圆（wafer），可以同时制成许多结构和性能完全相同的小芯片。每一个小芯片就是一个完整的电路，称为集成电路，简称IC。

热与电磁学 | 105

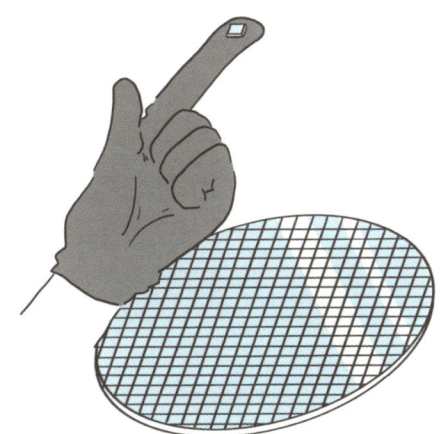

将晶圆切割后的小芯片，边长大小仅数毫米。

以同样性能的电路而言，集成电路与1940年代的真空管、1950年代的晶体管相比，体积小得多，耗电量更低，性能更稳定。若采用60年前的电子真空管制造个人计算机，则须占用一整间教

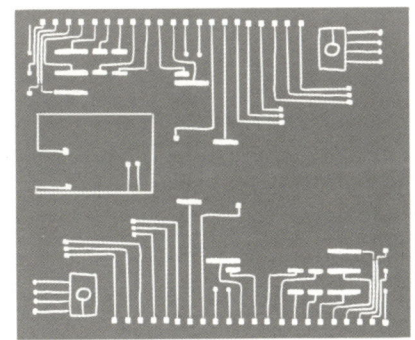

小芯片放大3000倍后的一小部分电路。

装上接脚和外壳后的集成电路外形。

室，消耗的电力更大。集成电路则引领电子产品如数码相机、笔记本电脑等产品实现"轻、薄、短、小、美"的目标。科技将不断地改变生活。

半导体的进阶说明

半导体材料的特殊性质,可通过掺杂或加入微量的杂质原子实现。

掺杂原子的价电子数,通常和硅原子不同。例如,第ⅤA族元素砷的原子有5个价电子,比硅原子多出1个,因此以1个砷原子取代硅原子,就相当于多加1个自由电子,称为n型掺杂。若以第ⅢA族元素的原子取代硅原子,则每取代1个就相当于拿走1个电子,如同多1个空缺,称为空穴,此为p型掺杂。

搭配这两种掺杂,可做出二极管(diode)、晶体管(transistor)等元件,并且可组合成各种功能的电子产品,例如:发光二极管(light emitting diode),简称LED,普遍用于仪器的显示灯。

1993年,科学家中村修二有了重要突破,他首先以氮化镓研发出蓝光LED,结合红光和绿光,成为照明用的白光。与一般白炽灯泡相比,LED更省电,寿命更长,逐渐成为人类照明设备的主力,并广泛用于交通信号灯、汽车方向灯等。中村修二等三人后来因发明高效蓝色发光二极管而获得2014年诺贝尔物理学奖。中村修二被媒体尊称为"蓝光之父"。

07 红外热成像仪是怎样测量体温的?

时事话题

NEWS | 根据世界卫生组织发布的报告,发烧是新冠肺炎的症状之一。为了防疫,许多大型场所、交通枢纽都采用体温监控仪器,如红外热成像仪或额温枪,以快速筛检出发烧患者,降低群体感染病毒的风险。

红外热成像仪或额温枪都是利用人体发出的红外线的热辐射来测量体温的,但人体怎么会发出红外线呢?

物体温度不同,热辐射也不同

当物体的温度与环境的温度不同时,物体和环境之间传递的能量,称为热。高温的物体会向低温的物体传递热,传递的模式有3种,分别是**热对流、热传导和热辐射**。

任何物体只要温度高于绝对零度(-273℃)都会辐射能量,发出电磁波,这是热辐射现象。物体的温度不同,发出的热辐射也不同。人体体温大约在37℃,人体发出的热辐射主要是肉眼看不到的红外线;太阳表面温度高达6000℃,而它所发出的热辐射的一部分是我们肉眼可见的阳光。

红外线感温可筛选出体温高者

发烧的人,体温比较高,所以发出的红外线就与正常体温的人发出的红外线稍微不同。红外热成像仪和额温枪都是利用内部精密的电子装置侦测出人体热辐射的微小差距,并用这些数据换算出人体的体温。

红外热成像仪比额温枪更复杂,能够侦测人体或周围环境各部分发出的红外线辐射,再换算出各部分表面的温度。之后,转换成计算机显示器上的人体与周围环境的温度分布图,人们可以通过观察热图像识别和分析发热区域。

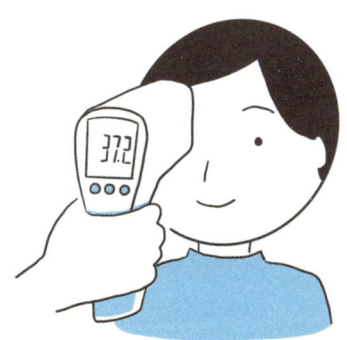

额温枪利用内部的电子装置,侦测人体热辐射的微小差距,并用这些数据换算出人体的体温。

电磁波能不依靠介质传递能量

由于电磁波的传播速率是光速,不需要靠介质就可传递能量,因此,红外热成像仪和额温枪这两项仪器测量体温时可不必接触人体。此外,操作时间短,使他们成了炙手可热的快筛仪器。

红外热成像仪最初应用于电器设备或配电系统的安全检测。如配电线、发电机、变压器等,可用红外热成像仪检查电器设备的潜在危险,避免发生火灾。后来,红外热成像仪也应用于战场上的夜视装备中。

电磁波为何能在真空中传播？

物体表面会以电磁波的形式释放能量（即热辐射），而电磁波竟然不需要介质就能传播，为什么？

根据科学家法拉第、麦克斯韦等人提出的理论，随时间变化的磁场可产生电场，随时间变化的电场也可产生磁场，如此交互感应而产生电场、磁场，在空间呈规律性变化，所以电磁波的传播可以不依靠空气等媒介。

麦克斯韦方程组

电磁感应为什么会产生感应电流？由于磁场变化时会产生感生电场，进而在闭合电路形成感应电流。电流的磁效应及电磁感应效应，说明电与磁不可分割，我们把电场与磁场称为电磁场（electromagnetic field）。

数学能力强的物理学家麦克斯韦在1864年整理研究成果，将电磁场遵循的定律汇成一组麦克斯韦方程组（Maxwell's equations），以定量的方式描述电磁现象及电磁场如何相互联系。

麦克斯韦方程组共4个方程，其物理意义简要说明如下：

1. 高斯定律：电荷会产生电场。
2. 高斯磁定律：不存在单独N极或S极的磁性物质，也就是没有磁单极的物质。
3. 法拉第电磁感应定律：变化的磁场会产生电场。
4. 麦克斯韦－安培定律：电流会产生磁场，随时间变化的电场也会产生磁场。

依据麦克斯韦方程组，变化的磁场会产生电场，而随时间变化的电场也会产生磁场。麦克斯韦预测了电磁波的存在：交互感应产生的电场和磁场，会以波的形式在空间中传播。

电磁波在真空中就能传播，不需要依靠介质，因此电磁波不属于力学波；由于其电场及磁场的振荡方向与波前进的方向互相垂直，具有偏振特性，故电磁波归类为横波。

08 生活中处处可见的"热"现象

时事话题

NEWS 一则新闻提到,一户人家邀亲友到家里品茶、叙旧聊新,然而一旁的落地窗竟发生整片爆裂的现象。记者报道,当时是冬天,门窗紧闭,屋内温度高,屋外温度低,热量从高温传至低温,而这片落地窗的结构可能不均匀,因此造成玻璃热传导不均匀,才出现惊险的爆裂画面。

另一则新闻是,一群年轻学子在溪边联谊烤肉,用来支撑架网的石头突然爆裂喷飞,"石头与木炭齐飞,碎片共肉片一色",几个人因闪避不及而被石头灼伤。

再一则新闻发生在美国亚利桑那州。一架小型客机在高温天气无法正常起降飞行,媒体分析是空气热膨胀后无法提供飞机足够的上升力,并以类似原理说明酷暑的极端高温可导致热浪、干旱事件,或引发铁轨膨胀而造成火车脱轨的事故。

上述这些新闻报道与分析,都涉及热与温度,主要谈的是热传播和热膨胀,而这正是我们生活中处处可见的现象,本节将详细解说。

什么是热与温度?

热与温度是我们日常生活中耳熟能详的名词,我们也知道冷热不同的物体互相接触时,热的会变冷,冷的会变热。依据物理学观点，当冷热两物体接触一段时间后，冷热程度会趋于一致，达成热平衡。处于热平衡状态的物体，具有相同的温度。

热，在物理学上是个重要的主题，现代文明的发展与热学的发展息息相关。工业革命期间，科学家为改善蒸汽机和引擎的效率，仔细探讨与热有关的现象，研究的成果显著改善了人类的生活。

科学家焦耳的实验说明，热是能量的一种形式，热的流动就是能量的转移，具体来说，是热能的转移。在热流动的过程中，转移的是能量，不是物质。以微观的角度来说，就是热能肇因于原子的动能：物质里的原子振动得越激烈，动能越大，此物质也就越热，温度越高。

热能的应用方面，只要对冷热能产生明显反应的材料，都适合用来做成温度计。例如水银受热容易膨胀，可以用来做成膨胀式温度计；铂的电阻容易受温度影响，适合做成电阻温度计。

此外，不同的材质，如金、银、铜、铁、铝、水、木头、玻璃等，具有不同的比热。比热是这些物质的基本特性之一，且只与物体的材质有关，而与其质量无关。

例如一种高分子凝胶，比热比水大很多，很适合用来做成冰袋。由于它的比热很大，要改变它的温度，需要大量的热流进或流出，因此，要让这种冰袋在冰箱里结冻，也需要花费较长的时间。利用这种特性，将这种结冻后的冰袋放在野餐桶里，就能达到比冰块更持久的降温效果，甚至能让野餐桶里的饮料一整天都保持冰凉。

☀ 金属铁条受热后，长度会如何改变？

一般的物质，不论是固态、液态或气态，受热后体积都会膨胀，温度降低则收缩，这就是我们所说的"热胀冷缩"。然而也有特殊案例，就是水结成冰块后，体积反而会变大，而且在质量不变的情况下，由于密度降低，冰块会浮在水面上。

那么，金属铁条受热后，长度会如何改变呢？**金属铁条的长度会因温度升高而略微增长**。依据实验分析，金属铁条的长度，会随温度升高而变长；而且，原来的金属铁条长度越长，长度改变量也会越大。例如，同样升高温度1℃，原长2米的铁条的伸长量，是原长1米的铁条的伸长量的2倍。因此铁条长度的变化量除了与温度变化量成正比外，还与铁条原来的长度成正比。

金属铁条的长度会因温度升高而略微增长

物质的热膨胀，还与膨胀系数有关。其中有关长度变化的线膨胀系数，其数值与金属的材质有关，它可以更具体地量化直线、弯曲或缠卷的细线受热后的长度改变量。例如，如果火车的钢轨在10℃时为30米长，根据金属的线膨胀系数计算，钢轨在温度为80℃时会伸长多少？答案是大约2厘米。因此，钢轨之间如果没有预留足够的空隙，在夏日的酷热环境下，就容易出现轨道挤压变形的危机。一般桥梁结构也都会预留接缝，以免大热天时因热膨胀造成变形。

或许读者会问："高铁的铁轨也要预留空隙吗？"这是个好问题。高铁的铁轨无法预留空隙，主因是预留空隙会使高速前进的车厢因振动出现危险，因此必须用热膨胀系数极小的特殊合金建造。除了高铁的铁轨外，有些设备也需要热膨胀系数很小的合金，例如非常传统的旧式老挂钟、工程师常用的钢卷尺,这类合金大抵是由36％的镍与64％的铁制成的铁镍合金,其线膨胀系数就非常小。

用膨胀系数不同的两种材质,可制成一种特殊的温度计。原理是,两片热膨胀系数不同的金属受热后的伸长量不同,会造成金属片弯折。温度变化越大,弯折程度越大。利用这种特性就能研发出双金属片温度计。双金属片受热时,金属片的弯折使指针扭转,因此可以直接指示温度。

前述新闻还曾提到,拿结构不均匀的石头当作烤肉架,可能由于石头各部分的热传导能力不同、热膨胀程度不同,导致石头内部的分子"步调不一致"而发生爆裂。不过市面上的"石头火锅"店,其所用的石材硬度较佳,而且结构简单,所以热传导能力均匀,不容易出现爆裂的问题。读者要烤肉的话,记得采用质量合格的烤肉架,确保安全。

热气球升空的原理

如果读者曾到土耳其欣赏热气球飞行,或许脑海会出现诗人徐志摩的一句话:"数大便是美。"同样类似的画面,也可以在台湾新北市的平溪看到,当抬头仰望众多的孔明灯冉冉飘升时,莫名的感动油然而生,你会忍不住呐喊:"好壮观,好漂亮!"

相传孔明灯的由来与三国时代的诸葛亮有关。诸葛亮依其头上的帽子为形,制作天灯,暗地传递军情,因此这灯被称为"孔明灯"。西方的热气球则始于法国,比孔明灯大约晚1500年,据说搭上第一班热气球的乘客是鸡、鸭与羊。

能够想出孔明灯与热气球的点子,确实不容易,显然需要懂得相关的热力学原理。孔明灯与热气球的结构类似,都有热源与气囊,热气球则多一个吊篮。台湾平溪的小型孔明灯,大抵以宣纸制作气囊,以金纸、煤油为燃料。土耳其的大型热气球,则以降落伞布料制作气囊，而以瓦斯为热力来源。

热气球的飞行原理应用了热空气比冷空气轻的热力学原理。当加热器加热气囊中的空气时，内、外气体受热膨胀，体积变大，因空气密度差异而形成对流作用，产生向上的浮力，将热气球向上加速推升。以体积为2830立方米的气囊为例，当外部与内部空气的温度分别为20℃与120℃时，温度差造成空气密度差，产生的压力差大约800牛顿，可见此向上的升力不容小觑。

至于开头提到的另一则新闻，有关美国亚利桑那州的小型客机在高温天气无法正常起飞的状况，为何媒体分析其原因是空气热膨胀后无法提供飞机足够的上升力呢？主要是因为飞机起飞时先在跑道加速，升空时有一定的角度(攻角)，需要与足够的空气相互作用，这样，才能提供飞机起飞所需的上升力。若空气因受热膨胀后密度变小，飞机机体与空气的相互作用变弱，可能无法顺利起飞。小飞机的受力面积较小，飞机飞行的上升力更加不足，更容易出现这种情况。

热气球是应用气体受热膨胀，热空气比冷空气轻的原理升空的。

热传导的进阶说明

热传播模式大致分为3种：热传导、热对流与热辐射。其中，热传导是固体传热的主要方式，在不流动的固体中层层传递。

物质中大量的分子因热运动而互相撞击，使净热量从物体的高温处传至低温处，或由高温物体传给低温物体。在固体中，热传导的微观过程是：在温度高的部分，固体的微粒振动动能较大；在低温部分，微粒振动动能较小。所以，在固体内部，热由动能大的部分传导至动能小的部分。固体中热的传导，就是能量的转移。

在导体中，大量的自由电子不停地做无规则热运动。一般固体振动的能量较小，在金属晶体中，自由电子对热的传导起主要作用。一般的电导体也是热的良导体。

气体分子之间的间距比较大，从微观角度来看，气体依靠分子的无规则热运动，以及分子间的碰撞，在气体内部转移能量，形成宏观的热传播。

物理学用导热系数描述材料的热传导能力。导热系数大的材料，热传导能力佳。

物体或系统内外的温度差则是热传导的必要条件。热传导速率与物体内外的温度差有关。

第四章

量子科技与近代物理学

量子计算机很厉害吗？跟一般通用计算机有什么差别？人类真的可以穿墙吗？"薛定谔的猫"为什么可以既是死的又是活的？本章以量子力学为题，并举一些生活实例，让大家了解这门神秘的学科！

01 量子力学的诞生

> **时事话题**
>
> **NEWS** | 每年12月14日，科学新闻几乎都会报道这一天是量子理论诞生日。为什么呢？1900年的这一天，德国柏林大学教授普朗克，在德国柏林的物理学会发表论文《论正常光谱的能量分布定律的理论》，提出著名的普朗克公式，阐述能量不连续（即能量量子化）概念，开启了量子力学的大门。他的理论对近代物理学的发展影响深远。

从经典物理到近代物理的发展

物理学家认为，组成原子的质子、中子及电子是一颗颗的粒子，并且可用力学分析和描述这些质点在空间中的位置、运动速度和动能。既然中子和电子是一颗颗的粒子，那么，光是否也是粒子呢？

谈光具有粒子性之前，先温习第三章讲过的光的波动性和光的**双缝干涉实验**。光的双缝干涉实验是英国物理学家托马斯·杨（Thomas Young）的代表作。他于1803年在英国皇家学会发表研究：把光束射向一张纸卡上划出的两道狭缝，穿过狭缝的光线会在屏幕形成明暗相间的条纹图案。这好比在池塘丢下两颗小石子，在水面激起的涟漪，水波向外扩散，彼此交会所形成的干涉现象。

以托马斯·杨所处的时代，实验设备无法与现在的实验器材相提并论，用当时有限的器材做双缝干涉实验，光源一般需经过同一狭缝，这样特殊处理后可形成重要特性的同调光，意思是指光经过一狭缝后，依据惠更斯原理的波动概念，波前的任一点光源都可形成新波源，通过双狭缝的两条光线视为新光源，它们的"步调一致"，波峰与波峰同时到达同一点，称为相位相同；或波峰与波谷同时到达同一位置，相位不同但相位差固定，在同一位置互相叠加后，产生相长干涉或相消干涉现象，进而在屏幕上形成亮暗相间的条纹。

托马斯·杨的双缝干涉实验说明，通过狭缝的两条光线互相叠加，可产生相长或相消现象，说明光具有波动的特性。光的波动性质与牛顿早期认为光是微粒的概念截然不同。

之后，数学能力特别强的麦克斯韦，统整库仑定律、安培定律、法拉第定律及个人的创见，提出著名的麦克斯韦电磁理论，推论光是一种电磁波，并计算出光速的理论值。

能量量子化的创新观念

19世纪末，科学家又遇到新问题：如何解释黑体辐射？又该如何诠释光电效应？用光的波动性无法解释这些问题，因此必须另辟蹊径，寻求新的理论突破。

1900年，德国物理学家普朗克提出能量不连续的量子论，以能量量子化的创新观念解决当时面临的紫外灾难和黑体辐射问题。在微观的物理世界里，一部分物理量只具有某种最小的基本数值，与此物理量相关的基本数值，称为此物理量的量子（quantum）。在微观尺度内，科学家发现越来越多的物理量有量子化的现象，例如电荷量的量子化、氢原子模型的角动量量子化等。

普朗克的论文是近代物理的第一篇论文，发表日期是1900年12月14日，因此这一天被世界认为是经典物理与近代物理的分界日。普朗克的能量量子化概念，开启了近代物理学的大门，可谓量子力学的滥觞。

德国物理学家普朗克，提出能量量子化的创新概念，解决黑体辐射问题。

普朗克提出"能量量子化"的概念之后，1905年爱因斯坦拓展能量量子化的想法，提出光量子的概念，诠释雷纳的光电效应实验。爱因斯坦认为，光在空间中传播，虽可产生干涉与衍射现象的波动性，但在与物质相互作用时，则是由一颗颗的能量颗粒组成，以粒子交换能量，并且仅局限在微小的点上，并非如波的行为那样散布在整个空间。**每一颗能量颗粒为一个光量子（light quantum），简称光子（photon）**。爱因斯坦在探讨微观尺度内光与原子相互作用时的光量子行为时，阐述了基本粒子的量子化特性，发展出描述光特性的光量子论（quantum theory），完善解释了光电效应现象，由此荣获1921年的诺贝尔物理学奖。

后来，密立根阅读爱因斯坦的光量子理论后，也设计出光电效应实验，并证实爱因斯坦的光量子论，成为光量子论重要的实证。光量子论后来能受到广泛的认同，康普顿也厥功至伟，他的团队在1923年研究X射线和电子的碰撞现象（康普顿散射实验），证实光具有粒子的性质。

物质波与波粒二象性

1924年，法国物理学家德布罗意（Louis de Broglie）受到爱因斯坦对光子想法的启发，提出划时代的创见，解决当时卢瑟福原子模型的某些疑点。光具有波动性与粒子性，如果光波可以有粒子性，一般物质是否也具有波动性？尽管缺少实验的证据，德布罗意仍在近27页言简意赅的博士论文中，提出别出心裁的想法：运动中的任何物质，除了有粒子的特性外，还伴随波动的性质，这种性质称为物质波（matter wave）。若知道物质的质量与速率，则可决定其物质波的波长。

以"想象力比知识重要"勉励后辈的爱因斯坦，阅读了德布罗意的物质波论文后表示："他掀起巨大面纱的一角。"爱因斯坦所说的面纱是指量子论的面纱。当时已是学术界巨擘的爱因斯坦，在后来发表的论文中也引用德布罗意的论文，强调物质波的重要性，引起更多物理学家关注物质波。

物质波理论问世后，实验物理学家开始做电子的双缝干涉和单缝衍射实验。

小汤姆森和戴维逊观测到电子衍射现象，证实物质的波动性质，确认电子具有**"波粒二象性"**（wave particle duality）。波粒二象性的意思是，**微观粒子如电子、光子，有时会呈现波动性，此时粒子性较不明显；有时又呈现粒子性，此时波动性较不明显**。粒子在不同的条件下，分别表现出波动或粒子的性质，就称为**波粒二象性**。不论日常生活用语或物理学中的术语，迄今尚未出现一个适当的概念名词，可以正确、完整地描述光或电子的性质，所以我们通常会说：光和电子具有波粒二象性。

薛定谔和"薛定谔的猫"

奥地利物理学家薛定谔阅读爱因斯坦和德布罗意的论文后,也注意到物质波的概念,并进一步阐释发展成波动力学,促成量子力学的诞生。薛定谔的波动力学是后来量子力学的具体论述之一,薛定谔波动方程式更是量子力学最重要的方程式之一,也是现代人研究发展量子计算机的重要理论依据。

在介绍薛定谔的理论前,先说明两种说法,一种是**"哥本哈根诠释"**,一种是**"EPR悖论"**。

前面提到电子的双缝干涉实验,说明在微观世界的电子具有波动性。在电子的双缝干涉实验中,为何被观测到的电子只在屏幕的一点留下痕迹呢?照理说,在屏幕的任意地方都应该能发现电子的踪迹。然而,当我们观测到电子的瞬间,电子的波函数立即"坍缩"。物理学家解释这是因为电子的波函数与发现概率有关,亦即观测电子时,电子波会缩小分布范围,呈现电子的粒子形式。活跃于哥本哈根的波尔等人认同这种融合"波函数坍缩"和"概率诠释"的想法,因此称为"哥本哈根诠释"。至于"电子波为何会坍缩?",这是一个未解之谜。

自然界真的受到概率的支配吗?真的是"大哉问"啊!

尽管爱因斯坦预言了光子的存在,提出了光量子论,但他强烈反驳概率论的观点。对于哥本哈根学派的"概率诠释"和"波的坍缩",爱因斯坦以**"上帝不玩掷骰子的游戏"**批判"哥本哈根诠释",完全不能接受哥本哈根学派主张——**"决定一切事物的上帝竟然会依照掷骰子出现的点数决定电子的位置"**。

爱因斯坦也指摘**"幽灵般的超距作用"**。他认为未来已经确定,反驳"自然界暧昧不明"的不确定性,进一步指出"自然界并非暧昧不明,而是量子论还不完备,无法正确阐述自然界的缘故"。以上所提，是量子力学发展历程的观点论战的故事。1935年，爱因斯坦和共同研究者波多斯基（Boris Podolsky）、罗森（Nathan Rosen）联合发表触及量子论矛盾的"EPR悖论"（Einstein-Podolsky-Rosen paradox）。

我们已经知道，微观世界的电子等粒子会自旋，具有自旋角动量，自旋的方向依据量子论会以多个状态同时存在，并存或叠加。爱因斯坦等人认为，对于相距非常遥远的电子，不可能无时间限制，瞬时互相影响。根据狭义相对论的说法，没有任何物体的飞行速度比光速还快。观测相距遥远的两粒子之一，竟然会在瞬间同时决定两者的状态，这样特殊奇妙的现象，爱因斯坦称之为"幽灵般的超距作用"。

薛定谔曾以量子纠缠解释爱因斯坦论文中的悖论现象，指出互相远离的粒子的性质，并非各自独立，而是成组决定的，这就是2022年诺贝尔物理学奖得奖主题——量子纠缠现象。如果能这样思考，那么就不会认为粒子是瞬间传送并影响远方粒子的，有如"幽灵般的超距作用"。

谈到量子力学，"薛定谔的猫"这个知名想象实验必定会浮现在读者的脑海中吧？此实验探讨一只猫的状态究竟是活的还是死的，而实验结果是：**猫同时是活和死的叠加**。如果以经典物理学来思考，会显得极其荒谬；但若以微观世界视之，这项理论其实符合电子波粒二象性的概率概念。

根据1927年量子力学学派的诠释，观察一个量子物体时，会干扰其状态，造成其立即从量子本质转变成传统物理现实。原子及次原子粒子的性质，在观测之前并非固定不变，而是许多互斥性质的叠加。此观念的知名例子就是"薛定谔的猫"实验。在这个想象实验中，一只猫被锁在一个箱子中，旁边有一个毒气瓶，在量子粒子处于某状态下时毒气瓶会破裂；但若该粒子处于另一状态，则毒气瓶会完好无损。如果将箱子密封，此粒子的量子状态是两种状态共存的情况，也就是说，毒气既是已从瓶中放出，又被封存在瓶中，也因此箱中的猫同时既是活的也是死的。当箱子打开时，此量子叠加状态瓦解了，这只猫在那一瞬间或许被毒死，或许依然活着。

著名的量子力学想象实验——"薛定谔的猫"。

索尔维会议

　　量子力学是近代物理学的重要基石,与相对论一起被认为是近代物理学的两大基本支柱。许多物理学理论和科学,如原子物理学、固态物理学、核物理学和粒子物理学,都以其为基础。物理学界往往会在物理学重要的学术会议"碰撞"出重要的论述,例如:1927年第五届索尔维会议,此次会议主题为"电子和光子",当时世上最重要的物理学家都聚集在一起讨论新的量子理论。

1927年第五届索尔维会议照片,此次会议主题为"电子和光子"。

量子科技与近代物理学 | 129

02 量子计算机与通用计算机的差异

时事话题

NEWS | 量子科技被视为未来最重要的发展技术之一全球各国无不投入资源，希望能取得先机，掌握话语权。2023年，合肥本源量子成功交付一台量子计算机给用户使用。该量子计算机的成功交付，标志着我国成为世界上第三个具备量子计算机整机交付能力的国家。

什么是量子计算机？

如前面章节所述，量子（quantum）不是描述物体，而是描述微观世界的一种现象，描述光子或电子的状态。因为中文翻译为"量子"，一般直觉理解"子"是一个真正的粒子或可观察到的物体，但其实是指**微观世界中具有最小单位的不连续现象**。一般不熟悉物理学科的读者，会对不连续变化的量子现象感到困惑，若使用以下的比喻，也许可以帮助读者略懂量子的概念。

到市场或商场购物，任何商品计价皆以"元"为单位，这是不连续的数位变化，绝对不出现具有小数点的"元"；想买米，是以"包"为单位，可以买1包米、2包米、3包米，但绝不卖1.5包、2.5包米，都是买整数包的米，不会有小数点。这样的整数类同量子世界的不连续现象，应该较容易。

在经典物理世界中，各种物理现象皆是连续变化的，例如我们测量的质量、身高、温度等。经典的物理世界与现今的量子世界，其差异性如同无障碍的斜坡与楼梯的阶梯，斜坡是连续的，行人可以停在斜坡的任一高度处，但楼梯却是一阶一阶的，依数学语言是离散的，能停留的高度只能是阶梯的整数倍，不能停在3.5阶、8.5阶等。

略懂量子的概念后，我们再来看计算机。

通用计算机在运算快速数位序列后，得到确定结果0或1的序列，其位是在0或1的状态，好比一盏灯泡仅有开启或关闭状态，不会出现同时既开又关的情况，每一个位只能储存一特定信息。前面提及，经典物理世界中的各种现象是连续变化的，一般通用计算机中是无数个离散的0或1，因此用数位的通用计算机描述连续变化的经典物理世界，会出现不能兼容的问题。

量子世界是不连续的，以量子位应用在计算机运算，可以解决量子世界中的问题。知名物理学家理查德·费曼曾提出关于量子计算机的观点，他认为用二进制的通用计算机无法模拟宇宙的行为，如果想模拟自然，最好建立在量子力学的基础上，虽然这并不容易。费曼这一前瞻的见解，是在1981年提出的，因此一般认为1981年是量子计算机元年。

此外，在量子计算中，量子位所处的状态在测量前并无明确数值，可以储存更多信息，**量子叠加（quantum superposition）能使量子位的两个状态都以概率存在**，这是通用计算机无法达成的功能。在量子的世界中，电子神出鬼没，即使此路不通，无法通电，电子也可能"隧穿"至另一端。此特性也可以应用在计算机的运算上。

量子计算机的定义是使用量子力学特有的物理状态实现高速计算的计算机。量子力学是近代物理学非常重要的领域，可以说明电子等非常小的粒子在运动时的特殊状态，甚至验证出光子在微观世界出现的不可思议现象。此不可思议现象涉及量子力学特有的物理状态，如量子叠加态和量子纠缠态等。若使用这种量子力学特有的物理状态来研发计算机，计算机就会具有强大、快速的量子计算能力。

为什么要发展量子计算机？主要是因为它能突破一般通用计算机的局限，解决大量运算的窘境。例如：通用计算机解决相当庞大繁复的资料时，需要花费天文数字的冗长时间；若用量子计算机处理复杂的数据和运算，可能几秒钟就能获得结果，甚至解出金融与国防机密的密码。

量子计算机是一种遵循量子力学规律，运用数学和逻辑运算、储存及处理量子信息的装置。早期的量子计算机，实际上是用量子力学语言描述的通用计算机，并没有用到量子力学的本质特性，如量子态的叠加性等。

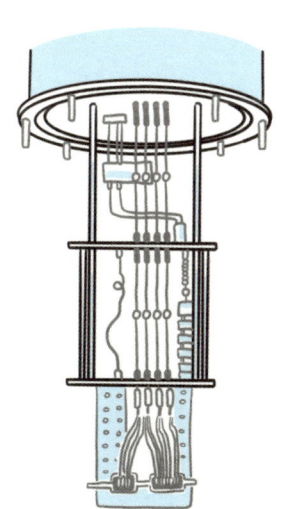

高速计算的量子计算机使用量子力学特有的量子态的叠加性，性能卓越。

量子计算机与通用计算机的差异

说明量子计算机的基础概念后，再来分析量子计算机与通用计算机的差异究竟在哪儿。

在计算机程序的世界中，不论多厉害的计算机，都只会数1和0。所有的资料和指令，都必须先编成1组1和0的代码，计算机才能听懂并进行工作。为什么会这样呢？因为通用计算机是用晶体管处理数据的，晶体管的设计是一种电流开关，不是开就是关，所以用1代表开，用0代表关，我们称0或1为位（bit）。

通用计算机的位会改变，但不是0就是1，如同1元硬币落地，不是正面就是反面。晶体管越多，位数就越多，储存和运算的能力就越强。例如，1个位只有1和0这两种可能；2个位有2的2次方，即4种可能，也就是00、01、10、11；3个位有2的3次方，即8种可能，也就是000、001、010、100、011、101、110、111。10个位则有2的10次方，即1024种可能。每组位仅能储存1组或1笔资料，如果可能性太多，数据量太庞大，通用计算机势必要运算到天荒地老。

量子计算机与通用计算机最大的不同在于，两者的基本计量单位不同。通用计算机使用的是位，这是我们熟悉的内存单位、数据传输速率单位。量子计算机使用的则是**量子位（qubit）**，这是量子电路计算时的基本计量单位。通用计算机的位有通电和不通电2种状态，每个位的输入不是0就是1；而量子计算机的算法是量子位0与1的叠加态，假如硬币正面是1反面是0，则叠加态指的是硬币同时处于正面和反面的叠加。只要能成为叠加态，都可作为量子位。量子计算机使用能够同时处理0或1的量子位运算，因此原本使用通用计算机必须耗费漫长时间的运算，它能够在短时间内处理完。

不过，科学家和工程师还必须攻克环境温度等问题，因为量子计算机必须在不受外界环境干扰的状态工作,例如-200℃这样的低温环境。因此,量子计算机可能在10年后才能成为人类的好帮手。未来,若量子计算机科技发展成熟,可应用在安全通讯、人工智能、天气预报、交通路线规划、太空探索,以及医药研究等多个领域。

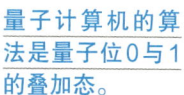
量子计算机的算法是量子位0与1的叠加态。

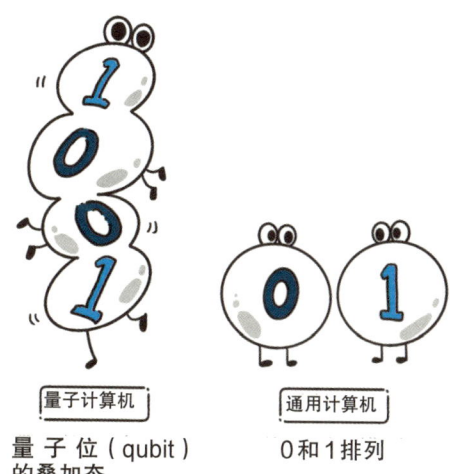

量子计算机
量子位(qubit)的叠加态

通用计算机
0和1排列

03 人类真的可以穿墙吗？

时事话题

NEWS | 近年来，"量子"成为科技领域非常热门的词，量子科幻电影也不遑多让，例如《蚁人与黄蜂女》《复仇者联盟4》描述的想象世界，都与量子的概念相关。虽然科幻片吸引人的主因可能不在科学本身，其采用的科学理论也并不见得完全依循严谨的科学研究，例如时间旅行、超能力等。但不可否认，那些关于科技的想象，已让观众深深着迷。说不定多年后，真的能实现电影中的情节。

热门的量子科幻电影

经典的量子科幻片多，用经典物理学原理无法解释里面的部分情节，例如1966年《星际迷航》（Star Trek），描述舰长柯克与舰员在23世纪的星际冒险故事，《星际迷航》中，最吸引人的创意之一是传送器，这是电影里一种常见的近距离旅行方式，能将人体或其他物质分解为量子，并将量子传送到终点后重新组合。虽然只有在科幻片或魔术表演中可以看到这种传送现象，但传送的概念与现在的量子远端传输有些异曲同工，只是量子传输只能传送与复制信息，而非物体本身。其他如1985年的《回到未来》系列影片中的情节，也可说是幻想的跨时空传送。

2020年英国与美国合拍的科幻动作片《天能》（Tenet）上映，

这是一部融入几个科学幻想元素的电影。这部电影是大导演诺兰（Christopher Nolan）的创新烧脑名作，如果没有一点科学知识，很难看懂整部电影的故事情节。这部影片在网络热度高，引发热烈讨论，除了科幻片中常见的祖父悖论外，天能不断地在多重宇宙间往复穿梭，剧情复杂，以至演员在拍摄时也常不知到底在拍什么，直到电影剪辑完毕才初步了解。

量子力学另一个重要的概念是**量子纠缠**。1990年上映的美国影片《人鬼情未了》（Ghost）叙述一位被杀的男子，死后心有不甘而化为鬼魂，与女友心电感应，并将谋杀他的幕后凶手绳之以法的故事；2014年上映的法国科幻动作片《超体》（Lucy），主角露西是一个25岁的美国女子，居住于台北市，她意外吸取抑制药品后，大脑功能快速进化，可以产生心电感应及念力，甚至可读取他人记忆。其他科幻片中也常出现心电感应能力，例如《星际迷航》中瓦肯人特有的心电感应能力，能通过触摸他人脸部达成心灵相通的效果，分享对方的意识、经验、记忆及知识等。

心电感应是指不借助任何已知工具，就能将信息传递给远方另一个人的现象或能力，常被称为第六感，至今尚无法以科学证实这种超级本能。有些人喜欢把量子纠缠与心电感应联系在一起，主要原因是量子纠缠有对远距离的影响，而且一旦量子测量后，就出现相互影响的现象，这与心电感应的一些基本要素有些相似。然而，量子纠缠是严谨的科学，是可以控制而且可以重现的科学现象，与心电感应截然不同。不过科幻影片喜欢呈现这种特殊能力。对这类科幻情节的喜好，也反映了人类对未来世界的期待。

量子隧穿效应

另一部很有意思的电影，是2018年上映的《蚁人与黄蜂女》。剧情中，主角"鬼女"爱娃在一场意外后，身体出现量子的变化，竟然可以穿过各种物体!

　　编剧设计爱娃的身体已成量子状态,可穿过任何物体,这是发挥科幻的想象力。但依据量子物理的波粒二象性,这其实不可能发生,因为以人类身体尺寸的物质波,是无法在宏观体系中被观测到的。为何这样说?因为物质波不是电磁波,也不是光速传递,它是一种概率分布的概念。若以一颗棒球而言,棒球快速飞行时,对量子世界而言,其质量太大,造成物质波的波长极短,一般的世界无法察觉波的特性,人的身体也是如此。然而,**如果能把一个人分成无数个微粒原子,让这些原子同时发生量子隧穿效应,当原子穿墙过后,再重新把这些原子组合成人,用这种方式或许可以完成人体穿墙术**。只是这些论述已经超越现在科学知识的范畴了。但在科幻片中,关于穿墙术的想象仍是观众的最爱。

　　如前面章节所说,量子是一种近代物理的概念,不像棒球、乒乓球、或电子、质子的粒子,它是用来描述电子或光子的能量特性。一个物理量如果存在最小且不可分割的基本单位,则这个物理量具有最小单元的整数倍关系,称为量子化,而这个最小单元就是量子。

电子具有波的特性,能以电子波的形式通过墙壁,这就是量子隧穿效应。

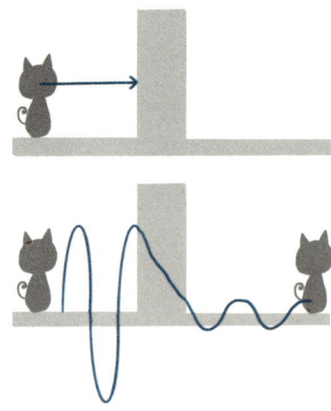

电子等微观物质，有时会穿透原本理应无法穿透的障碍物。把障碍物想象成一道墙壁的话，电子应该像棒球一样被墙壁反弹，可是**在微观世界，电子具有波的特性，能以电子波的形式通过墙壁，这就是量子隧穿效应**，值得说明的是，不是只有电子才有这种鬼魅幽灵般的隧穿能力。质量越大的物体，越不容易发生隧穿效应。所以人类的身体或一颗篮球，虽然穿透墙壁的概率不是零，但也几近于零。至于质量极小的基本粒子，穿透墙壁的量子隧穿效应就很大了。

04 量子纠缠究竟怎么纠缠？

时事话题

NEWS | 2022年，备受世人瞩目的诺贝尔物理学奖颁给美国的克劳泽（John Clauser）、法国的阿斯佩（Alain Aspect）和奥地利的塞林格（Anton Zeilinger）3位物理学家，表彰他们研发纠缠光子实验工具、发现量子纠缠的真实存在、证伪贝尔不等式、证明爱因斯坦提出的EPR悖论错误，以及引导量子信息科学的发展与应用等。他们在物理学上的贡献甚巨。

关于量子力学的争论

前面已提及量子是一种概念，描述光子或电子的各种物理特性，如能量。一个物理量如果存在最小且不可分割的基本单位，则这个物理量是量子化的。

依据量子力学的理论，当几个粒子彼此纠缠后，各个粒子拥有的特性已融合成整体性质，无法分别描述各粒子的原有性质，只能描述整体系统的性质，此状态称为量子纠缠，好比"**你泥中有我，我泥中有你**"。量子纠缠时，两粒子不再是独立个体，形成一个整体状态，只要整体状态的任一组成粒子的状态受到干扰，其他组成粒子的状态也会随之产生对应变化。

量子力学的概念与概率和不确定性有关。依照经典力学，测量两粒子的行为是独立的两件事，彼此不互相影响。1964年，物理学家贝尔为验证爱因斯坦质疑量子力学不完备的悖论，提出贝尔不等式。

量子纠缠和贝尔不等式是物理学界多年的辩论题。2022年3位诺贝尔物理学奖获得者的研究，最终证明爱因斯坦、波多斯基、罗森等3人在1935年提出的著名EPR悖论的思维实验不对。2022年诺贝尔物理学奖的得奖主题背后，故事还很多，这里先简要说明在物理学史上，跟得奖主题量子力学有关的争论。

关于量子力学的争论，如前所述，主要来自以波尔为首的哥本哈根学派，以及爱因斯坦等3人的EPR悖论。哥本哈根学派遵循概率诠释和波函数坍缩观点。EPR悖论的基本论点则是某区域发生的事件，不可能用超过光速的方式传递至其他区域、绝不会出现鬼魅般的超距作用；实验观测得到的现象，与观测方式、动作无关，因此爱因斯坦认为"上帝不会掷骰子""月亮的存在与我们是否赏月无关"。但EPR悖论并非质疑量子力学的正确性，只是认为，用两个纠缠光子来说明量子力学并不完备。

后来，提出"薛定谔的猫"的薛定谔也指出量子力学不完备，并提出量子纠缠概念，说明两粒子一旦靠近而相互纠缠后，就失去自己原来的独特个体性，融合成两粒子的整体状态，即使天各一方，只要维持纠缠状态，两粒子的整体特性就不会消失。

量子纠缠纯粹是量子效应，在经典的物理学世界中并不存在，所以很难理解，也不易被接受。然而，即使爱因斯坦离世，EPR悖论仍在，究竟量子力学完不完备呢？面对1935年提出的悬而未决的EPR悖论，1964年，爱尔兰物理学家贝尔提出贝尔不等式，提供检验量子纠缠的实验方法，由此引发物理学家构思与改进实验设计；后来，直到2022年诺贝尔物理学奖颁发，再度掀起研究量子力学的热潮。

2022年诺贝尔物理学奖得主的贡献

如何证明悖论正确还是错误？如何以贝尔不等式佐证量子力学存在？1972年，纠缠光子实验才正式启动。

克劳泽拔头筹，采用特殊光线照射钙原子，激发出一对纠缠光子。在激发出的光子的两侧，各设置一面偏振滤光器，用以测量光子的偏振现象。经过许多次的测量实验后，证明此实验违反贝尔不等式。克劳泽实验的纠缠光子对产生频率太低，且设计距离太近，故无法排除两光子彼此互相影响的可能，虽然如此，克劳泽的光子纠缠实验拉开了贝尔不等式的实验的序幕。

阿斯佩进一步改良实验器材，拉大偏振滤光器的距离，使用激发原子的新方法，提高激发后纠缠光子的产生频率，并且在不同的设定区域间随机切换偏振滤光器的方向，避免实验时掺杂其他可能影响结果的噪声，让释放的光子不影响实验结果。

青出于蓝而胜于蓝。塞林格做了许多贝尔不等式的实验，应用更精密的仪器，深入研究量子纠缠实验。他用激光照射特殊的石英，激发出更多成对的纠缠光子，并随机切换各测量的器材与偏振滤光器。最特殊的是，其团队使用来自遥远银河系的信号控制偏振滤光器，确保绝对的随机性、信号不互相干扰。其团队运用量子纠缠理论将量子态传至任意距离，成功演示了量子遥传的通信现象。

这些物理学家的实验证实贝尔不等式不成立，也就是爱因斯坦关于量子纠缠的论点不对，而量子纠缠的确存在。 更重要的是，可将量子纠缠效应，应用于复杂的量子运算中，研发量子计算机。量子计算机运用量子力学的基本原理，将许多量子位纠缠在一起，处理大量复杂运算，提高运算的速率和精准度。

量子科技与近代物理学 | 141

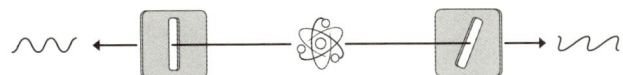

美国的克劳泽采用特殊光线照射钙原子，激发出一对纠缠光子。在激发出的光子的两侧各设置一面偏振滤光器，用以测量光子的偏振现象。（图片来源：诺贝尔奖委员会网站）

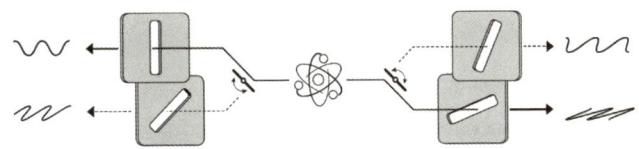

法国的阿斯佩拉大偏振滤光器的距离，使用激发原子的新方法，提高激发后纠缠光子的产生频率，并且在不同的设定区域间随机切换偏振滤光器的方向。（图片来源：诺贝尔奖委员会网站）

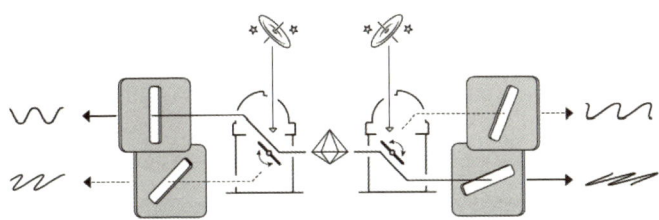

奥地利塞林格用激光照射特殊的石英晶体，激发出更多成对的纠缠光子，并利用遥远银河系的信号随机切换各测量的器材与偏振滤光器。（图片来源：诺贝尔奖委员会网站）

除此之外，量子计算机也能协助天气预测等。其他如量子加密技术、量子网络，以及量子感测、量子遥传的量子通信等，不仅可用于防止窃听装置，也可应用在金融交易和军事机密等领域。

什么是量子纠缠？

如前所说，量子是用来描述光子或电子的能量特性的概念。一个物理量如果存在最小且不可分割的基本单位，则这个物理量是量子化的，这个最小单位称为量子。在量子力学里，当几个粒子彼此相互作用后，由于各粒子拥有的特性已综合成整体，因此无法单独描述各粒子的性质，只能描述整体系统的性质，此现象就是量子纠缠。量子纠缠时，两个粒子因为不再是独立的个体，而是整体状态，因此只要任一组成粒子的状态受到干扰，其他组成粒子的状态也会相应变化，就好像是心电感应一样。

也有人以文学语句类比解释量子纠缠，例如引用《木兰辞》中的"雄兔脚扑朔，雌兔眼迷离"或早期巷弄传唱的"我泥中有你，你泥中有我"，来说明量子纠缠的状态。

两个相距很远的粒子具有量子纠缠效应。

第五章
天然灾害物理学

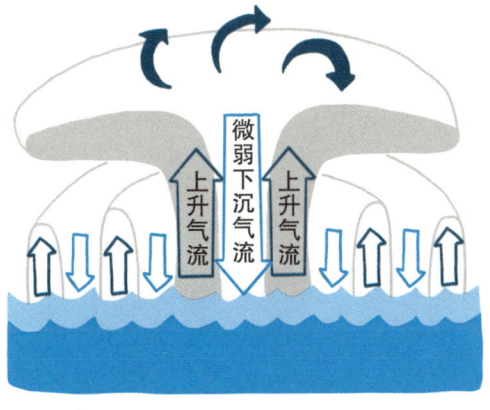

媒体经常报道各地的地震与台风的灾情,为什么会发生地震和台风呢?本章以这些常见的天然灾害为题,为各位说明这些现象背后的原理!

01 台湾为什么经常发生地震？

时事话题

NEWS | 媒体经常报道台湾各地的地震及其灾情，台湾为什么经常发生地震？在古代，人们将地震想象成是"地牛翻身"造成的地动山摇；现代科学家发现，"断层"活动和"板块"运动，才是发生地震的真正原因。

👁 台湾位于板块的交界带

台湾位于环太平洋地震带，也是菲律宾海板块与欧亚板块的聚合交界处，因此台湾成为地震频发的岛屿。

台湾岛现今两板块的缝合位置是在花东纵谷。花东纵谷以西属于欧亚板块，包含台湾中央山脉及其以西部分；花东纵谷以东属菲律宾海板块，包含海岸山脉及其以东部分。菲律宾海板块与欧亚板块的相互作用，已有数百万年。科学家指出，依现今观测数据显示，菲律宾海板块相对于欧亚板块，平均每年以7厘米的速率向西北方移动，两板块持续冲撞挤压。**持续的板块运动，造成台湾地震频发，地貌也持续改变。**

许多地表的地形和活动，都可以用板块构造学说解释成因。依据地震记录，可建构台湾附近的板块活动样貌。台湾平均每年约发生1000余次有感地震，如此频繁的地震活动足以说明台湾位于板块的交界带。

有感地震大部分源于断层活动，地震震源都位于板块交界附近，而板块交界区域往往隐藏许多断层。发生在台湾的地震，最知名的是1999年的"9·21集集大地震"，肇因于名噪一时的车笼埔断层；2016年的"2·6高雄大地震"则是美浓断层造成的。

从物理学看地震

当断层错动或板块推挤时，会释放能量，此能量以波动形式呈现，造成地面震动与地声现象。

科学家依照地震波传播性质的差异，将地震波分为体波与面波。可以在地球内部传递的地震波，称为体波，体波又细分为速率较快、最先到达观测站的纵波（也称为P波），以及速率较慢在纵波之后到达观测站的横波（也称为S波）。

除了速率差异外，纵波的传播方向与介质振动方向平行，可在固态、液态和气态介质中传递；横波的传播方向与介质振动方向垂直，只能在固态介质中传递，无法在液态及气态介质中传播。

当体波传至地表时，纵波与横波经复杂的折射、反射后，能量沿浅层地层传递，形成在地表传播的面波。

"里氏"震级

地震波传递断层释放的能量，能量高低则决定地震震级（earthquake magnitude）。目前中国气象局发布地震相关的新闻稿数据，采用的地震震级标准为里氏震级。里氏震级是地质学者里特（C.F.Richter）在1935年提出的，以数学对数描述地震波能量，这涉及地震震源和震中的垂直距离等相关因素，因此里氏震级的数字含有小数点，例如里氏7.1级或5.9级等。里氏震级的数字越大，代表地震释放的能量越多，里氏震级数值每增加1，释放能量大约增加32倍。

当板块推挤时，会释放能量，此能量以波动形式呈现。纵波先到达观测站，横波紧随其后。

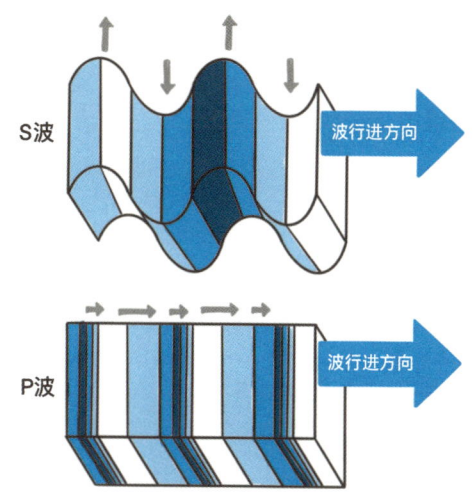

不同国家或地区可能采用不同的地震震级标准，因此同一次地震，各地媒体新闻报道的震级数值不一致。其主要原因可能是采用不同的地震震级标准，也可能是校正因素差异，例如2022年的"9·18花莲大地震"，台湾新闻媒体报道是里氏6.9级，但日本气象厅提供日本媒体资料是里氏7.1级，原因可能是不同国家或地区地震测量水平不同，也可能是因为测量时距离震中的距离不同造成误差。

地震强度（earthquake intensity），简称震度，用来描述一地区受到地震的影响程度。地震强度通常以地震晃动的加速度作为分级标准，用来描述地震发生后，地面的震动强度或建筑物被破坏的程度。级数越高，表示地面晃动的加速度越大，破坏程度越大，造成的灾情也越重。

地震强度分成9级，包含"超微震""微震""有感地震""中强震""强震""大地震"等，最高级称为"特大地震"，"5·12汶川大地震"已达到特大地震等级，发生了建筑物倒塌、山崩地裂等状况。

采用里氏震级发布信息，一次地震，里氏震级数值只有一个，具有小数点；但地震强度会因为地点不同而出现不同等级，是整数级数，不会有小数点。

地震震级的进阶说明

发生地震时，通常地面震动的程度与地震震源释放的能量，以及建筑物所在地区和地震震源之间的距离有关。地震震级反映地震震源释放能量的多寡，也与地震波的振动幅度有关。

里氏震级（Richter's magnitude）以地震仪记录到的地震波振幅为基础。当地震震源释放能量一定时，距离震源越远，地震波的振幅就越小；当与震源的距离一定时，则地震波的振幅与震源释放能量的多寡正相关。里氏震级是一个统一的数值，与观测站的位置无关。但地震并非都发生在距离观测站100千米处，因此在计算里氏震级时，必须考虑震中与观测站的距离。

里氏震级是以对数为基础的，因此里氏震级数值增加1.0，相当于地震振幅大约为原振幅的10倍。目前全世界测量到的最大里氏震级为：1960年智利大地震，里氏震级8.9级。

02 台风是如何生成的?

时事话题

NEWS | 2022年"造访"两岸的台风较少,但首个登陆大陆的台风"暹芭"成为近20年来登陆广东最强的南海"土"台风。"暹芭"体型庞大、结构完整,在移入广西东北部停止编号后,其残余环流仍然后劲十足,与西风带系统结合一路北上,影响范围大,降雨范围广、持续时间长。

台风的形成条件和结构特性

每年都有台风"造访"两岸,如果将其说成"侵袭"似乎太沉重,毕竟台风不是只有肆虐当地而酿成气象灾害,也为当地带来丰沛雨量,有利于水力发电。

每年的7~9月是"台风季"。台风虽是主要的降水来源之一,但水能载舟也能覆舟,暴雨也会引发山崩、水灾及泥石流等灾害,造成民众伤亡、财产损失和公共建筑毁损等。面对台风,我们除了高度重视之外,还必须了解台风的形成条件和结构特性,留意台风相关信息和警报,未雨绸缪,做好防灾准备,降低台风的危害程度。

台风的前身,是在热带海面持续发展的低气压系统,系统中心附近最大风速达每秒17.2米时,称为热带风暴。受到热带风暴侵袭的地区容易产生重大灾情。从长期观测资料与科学研究的结果发现，形成台风必须具备足够的能量和动力。就温度和纬度的特性而言，形成台风的前身——热带低压扰动的生成位置，绝大部分在海水表面温度为26.5℃以上、距赤道纬度5度以外且远离陆地的大洋表面。这说明台风生成的必要条件，是具有足够的水汽，还有足够的动力产生气流旋转作用，以及不受地形阻碍、不会消耗能量的环境。

台风的生成为什么跟温度有关？这涉及热量的传播，生成台风必须有足够的热量。台风由热带低压孕育而成，最主要的孕育机制是低压中心的空气柱持续稳定地受热，导致低压增强、风速加快。

以北半球为例。当发展成台风的热带低压系统维持在远离陆地的温暖洋面上，能持续补充水汽，且风速不因高度而改变，系统中心空气柱能够稳定地受热而持续膨胀，高层辐散和低层辐合也持续作用，中心气压持续下降，风速持续加快；同时，云雨带持续增长，越来越宽广、厚实，系统内的降雨也越来越强。当低压中心附近的最大平均风速达每秒17.2米时，就成为热带风暴。

形成台风需要海洋和大气的相互作用，因此难免受到地理条件的限制。纬度30度以上的海域，水温通常低于26.5℃，水汽补充不易。然而并非所有热带高温海域都可产生台风，因为纬度低于5度的海域，因地球自转造成的科里奥利力（简称科氏力）太小，转动的外力不足以形成水平旋转环流。又如南大西洋海域，则因风速随高度的变化太大，低压扰动中心或气旋中心附近的积雨云容易被吹散，中心空气柱不易稳定受热，难以形成热带风暴。

综上所述，要形成台风并非一蹴而就，也不是每个海域都能形成台风，必须兼具温度、纬度及其他外在条件。要有足够的热量、适合的纬度、具有一定的风速变化，才能形成热带风暴。

虎视眈眈的"台风眼"

台风是一个水平宽度可达数百千米的低压系统,地面环流沿逆时针方向向内聚集辐合,台风云系的垂直厚度平均大约10千米。地面的平均最大风速在中心附近,逐渐往外递减,平均风速每秒14米以上的圆形区域,称为7级暴风圈;从低压中心到7级暴风圈边缘的距离则是7级暴风半径,一般为100—500千米。暴风圈内具有强烈对流发展而成的厚实积状云。

常见的台风强度划分,是依据台风中心周围接近地面或海面的最大平均风速分级的。各国气象单位的划分方式也会因地制宜,有所不同。

中国气象局台风强度划分

台风强度	近中心10分钟平均最大风速（m/s）
超强台风	51.0以上
强台风	41.5—50.9
台风	32.7—41.4
强热带风暴	24.5—32.6
热带风暴	17.2—24.4
热带低压	10.8—17.1

美国的飓风强度划分

飓风强度	近中心1分钟平均最大风速（m/s）
5级飓风	70以上
4级飓风	58—70
3级飓风	50—58
2级飓风	43—49
1级飓风	33—42
热带风暴	18—32
热带低气压	—17

结构完整的台风,因低层气流快速旋转,云带中心可发展出几乎无云的**台风眼**,被高耸的积状云构成的眼墙团团围住。

眼墙处的对流最强烈,云最厚,风雨最强,然后逐渐往暴风圈外围递减;台风眼内则有气流微弱下沉后,向外流至眼墙。

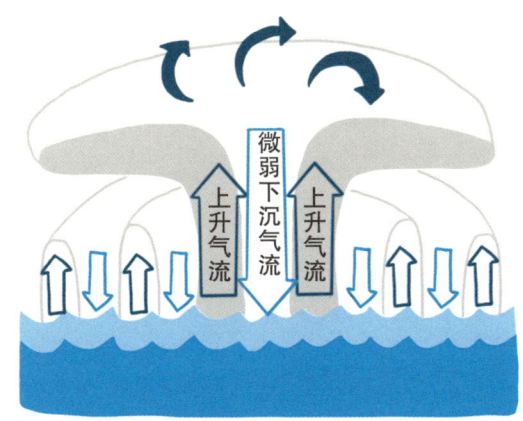

低层气流沿逆时针方向旋转流向台风中心；高层气流沿顺时针方向向外辐散。台风眼内则有微弱下沉气流。

双台的藤原效应

依据中国气象局的纪录，台风路径从未完全重复过，顶多某些台风的路径类似，足见台风路径的复杂性。台风的路径，受到周围大尺度环流的影响，台风的环流越强，台风移动越快，方向也越稳定。若台风受到数个天气系统影响而转向，则其移动速率趋缓。例如，北太平洋热带海域的台风，生成位置大多位于太平洋高压中心的南方，容易受到高压顺时针方向的环流影响，常见由东向西移动，或在高压中心的西侧由南向北移动。

台风气象新闻报道中，常听到专有名词藤原效应（双台风效应）。藤原效应是指什么呢？**当两个台风中心系统很接近，中心间距约小于1500千米时，可能发生藤原效应**，即彼此的环流互相影响，以致两个台风以共同质量中心逆时针方向互相环绕运转。两个台风的环流一旦"卿卿我我"，判断台风路径更为困难。

此外，气象报告中常听到台风增强或减弱为强台风，究竟是怎么回事呢？强台风的增强或减弱，跟路径和地形有关。水汽供应减少或地形阻挡，会减弱台风强度，即使台风中心已登陆，只要暴风圈一部分在足够温暖的海面上，就可继续吸收水汽中潜藏的热而不致完全消散；如果继续移动至高温海域，则可再次增强。当台风中心完全移入陆地或较高纬度的低温海域一段时间后，才会减弱为一般低压，最后消失。

气象报告中的共伴效应又是什么意思呢？**台风系统中心接近陆地时，台风环流与周边大气环流会合，这种会合现象称为共伴效应**。共伴效应容易造成对流增强，严重肆虐陆地，加重台风灾情。例如常听到的秋台是入冬之前恰好与东北季风发生共伴的台风，台湾东北部迎风面地带较常出现秋台。

附近海域出现台风时，中国气象局会根据观测资料绘制台风路径预测图，标示未来数日的可能路径，并在台风侵袭邻近海域前24小时发布台风警报，定时更新相关信息。然而，影响台风路径的因素多，即使有超级计算机辅助计算，仍有误差或不确定性，不过时间越接近，不确定性就越小。

面对具有诸多不确定性的台风，两岸已累积多年的防台经验，可能受到侵袭的居民，应未雨绸缪，在防台警报期间做足准备，才能降低灾情损失。

气压梯度力与科氏力

我们居住的地球,因纬度不同和海陆分布的差异,加上地形起伏和昼夜、季节变化等因素,造成地球表面的受热并不均匀,近地表的空气密度与压力产生高低的变化。地面上空的大气压力分布不均匀,两地之间具有气压差,造成空气水平运动的驱动力,这个驱动力称为气压梯度力。气压梯度力会推动空气从气压较大处流向气压较小处,这种空气的水平运动形成了风。

如果空气仅受气压梯度力影响,则气压梯度力会决定风向与风速;但地球有自转现象,地球自转会使水平运动的空气分子发生偏转,如同直线前进的撞球,这颗撞球会边移动边偏转方向。造成风向偏转的效应称为科氏力效应。这种效应如同加速运动中的电梯,电梯加速运动过程中,轿厢地板的体重计读数与电梯静止时的读数不同,而电梯加速运动时,需考虑假想力效应,此效应在空气长途运动时更明显。科氏力作用方向在北半球使风向右偏移,且与风的移动方向垂直。

科氏力,是法国气象学家科里奥利以数学描述地球自转造成的偏向力。在北半球,气旋环流的转动方向是逆时针方向;在南半球,科氏力作用方向与北半球相反。在地球上运动的物体会受到科氏力的影响。若运动距离不长或时间不久,则科氏力效应太小而无法被察觉。例如三分线投篮、打靶、投掷棒球及水槽放水造成的漩涡等,都不用考虑科氏力效应;但如果是季风、洋流或发射洲际导弹等,则需要考虑科氏力效应造成的影响。

依据科氏力效应的数学关系式,科氏力效应受到纬度和物体运动因气压梯度力方向与等压线垂直，且力的大小与单位距离间的压力差有关。若忽略空气密度差异，当压力差越大时，气压梯度力越大，形成的风速越大。图为甲、乙两地的地面水平气压分布图。等压线分布越密集，水平气压梯度力越大，风速也越大。

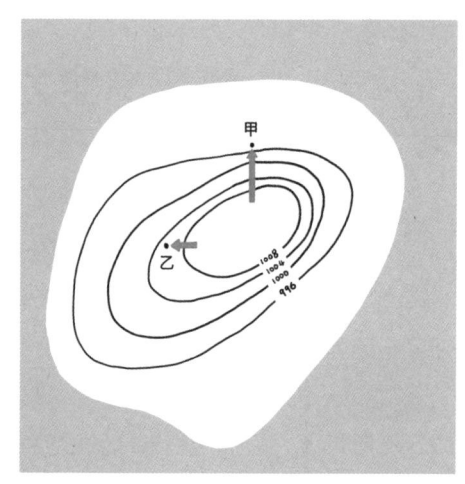

素的影响。物体运动速率越快，受科氏力效应的影响越大。物体所在纬度越低，受科氏力效应的影响越小，因此纬度零度的赤道地区，水平运动受到的科氏力效应几乎为零，故赤道附近的海域难以形成热带气旋，赤道地区的国家无法体会被台风肆虐摧残的滋味。

科氏力的量值与所在地纬度及空气运动速度有关。物体在高纬度运动，受到的科氏力较大，在赤道水平运动时受到的科氏力为零；空气运动速度越快，受到的科氏力越大。在北半球高纬度地区观测时，会发现空气受到向东的推力，使其运动方向往原运动路径的右方偏转。

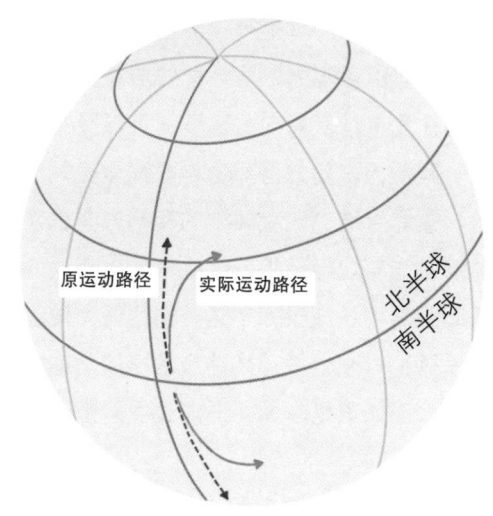